# 花椒栽培技术

王有科　南月政　编著

金盾出版社

## 内 容 提 要

本书由甘肃农业大学王有科副教授等编著。内容包括花椒的种类和主要优良品种、对环境条件的要求、苗木繁殖、栽培方式与密度、椒园建植、栽后管理、整形修剪、早实丰产与优质管理、病虫害及其防治、花椒加工与利用等12个部分。内容丰富全面,文字通俗简练,技术先进,可操作性强。适合广大农户、农业科技人员和农业学校有关专业师生阅读。

**图书在版编目(CIP)数据**

**花椒栽培技术**/王有科,南月政编著 . —北京:金盾出版社,1993.3(2019.3重印)

ISBN 978-7-5082-0879-4

Ⅰ.①花… Ⅱ.①王…②南… Ⅲ.①花椒—栽培 Ⅳ.①S573

中国版本图书馆 CIP 数据核字(98)第 40293 号

---

**金盾出版社出版、总发行**

北京太平路5号(地铁万寿路站往南)

邮政编码:100036 电话:68214039 83219215

传真:68276683 网址:www.jdcbs.cn

北京万博诚印刷有限公司印刷、装订

各地新华书店经销

开本:787×1092 1/32 印张:3.5 字数:75千字

2019 年 3 月第 1 版第 26 次印刷

印数:191 001～199 000 册 定价:11.00 元

# 目　　录

# 一、概　述

　　花椒属芸香科花椒属植物。该属植物在全世界约有 250 余种，主要分布于热带、亚热带；原产于我国的约有 45 种，13 个变种，在山东、山西、河北、河南、陕西、甘肃、四川、湖北、湖南、安徽、云南、贵州等省栽培较多，产量大。花椒是我国栽培历史悠久的食用调料、香料、油料及药材等多用途经济树种。它繁殖容易，栽种简便，生长快，结果早，结果年限长，栽培条件要求不严，在山地、丘陵、河滩、宅旁等地均能栽植。

　　花椒的经济利用部分主要是果实。花椒果皮富含挥发油和脂肪，可蒸馏提取芳香油，作食品香料和香精原料。果皮具有浓郁的麻香味，是我国人民普遍食用的调味佳品；种子含油率 25%～30%，所榨取的椒油属干性油类，可食用或制做肥皂、油漆、润滑等工业用油；果皮、果梗、种子及根、茎、叶均可入药，有温中散寒、燥湿杀虫、行气止痛的功能，还可用来防治仓储害虫；嫩枝和鲜叶均可直接作炒菜的调料或腌菜的副料，青干叶可作烤制面食制品的香料；油渣可作饲料和肥料；茎干可作小型器具和细木工用材。此外，花椒地上部枝繁叶密，姿态优美，果实成熟时火红艳丽，且芳香宜人，有较好的观赏价值；地下部根系发达，固土能力强，具有良好的水土保持作用。

　　花椒在我国栽培广泛。太行山区、沂蒙山区、陕北高原南缘、秦巴山区、甘肃南部、川西高原东部及云贵高原为主产区，其中河北省的涉县、平山，山东省的沂源，陕西省的韩城，山西省的平顺，甘肃省的武都、秦安，年产花椒果皮 50 万千克左右。四川汉源、冕宁产的正路花椒，陕西凤县、韩城产的大红袍,甘肃武都、秦安产的大红袍、秦安 1 号,河北涉县、武安及山西东南一带产的小红椒,均以品质优良而闻名。花椒垂直分布范围在海拔 200～2 200 米之间,多分布于海拔 1 300～1 700 米地区,但人工栽培常因地势不同而异。在甘肃陇南山地多在海拔 1 000～1 600 米处,陇中黄土丘陵区和陇东残塬区多在海拔 1 700～1 900 米处,最高海拔可达 2 200 米。

花椒耐旱耐贫瘠,主要栽培在温暖湿润的山区,以及干旱、半干旱山区和丘陵区,对栽培条件要求不严,且有很高的经济价值。目前,大红袍果皮收购价为每千克 20～24 元,7～8 年生树株产花椒果皮 2～3 千克,按每公顷(15 亩)750～825株计算,则常年公顷收入在 3 万元以上,具有较高的栽培经济效益。在许多贫困山区,花椒已成为脱贫致富的支柱产业。

# 二、花椒种类和主要优良品种

## (一)主要种类

原产我国的花椒属植物主要有如下几种:

### 1. 花　椒

花椒又叫秦椒、凤椒、蜀椒,简称椒树。是我国栽培广泛且经济价值最高的一种,几乎遍及全国各地。

枝具皮刺,皮刺基部多宽扁。小叶常 5～9 片,卵形、卵状矩圆形至卵圆形,边缘有细钝齿。花序顶生。果实为蓇葖果,球形,表面密生疣状腺点,成熟后浅红色至紫红色。花期 4～5

月份,果期 6～10 月份。

## 2. 野 花 椒

是产椒皮的主要种类之一,用途同花椒,但品味稍差。主要分布于长江以南及华北山地灌木丛中,多为野生,少见栽培。

枝具皮刺及白色皮孔。小叶常 5～9 片,卵状圆形或卵状矩圆形,柄极短近于无柄,边缘具细钝齿。花序顶生。蓇葖果表面腺点不甚突起,成熟后红色至紫红色。花期 3～5 月份,果期 6～8 月份。

## 3. 川陕花椒

又叫大金花椒。本种可作花椒的砧木,果皮可提取芳香油,种子也可榨油。分布于甘肃、陕西二省南部及四川北部。

枝具皮刺,皮刺直伸,基部增大。小叶常 11～17 片,倒卵形或斜卵形,两侧不对称,上半部边缘有细钝齿。花序腋生或顶生。蓇葖果表面腺点突起,成熟后紫红色。花期 4～5 月份,果期 6～8 月份。

## 4. 竹叶花椒

简称竹叶椒。用途与花椒相同,但果皮麻味较浓而香味稍差。主要分布于西南、华东、华中及华北,山地有少量栽培,或作花椒砧木。

常绿或半常绿,枝具基部扁平、尖端略弯曲的皮刺。小叶 3～9 片,披针形至卵状长圆形,边缘疏浅齿或近全缘。花序腋生。蓇葖果粒小,表面疣状腺点明显,成熟后红色至紫红色。花期 4～6 月份,果期 7～9 月份。

## 5. 青花椒

又叫崖椒、野椒、香椒子,简称青椒。用途同花椒。分布于黄河南北多数省(自治区)。

枝具针状皮刺。小叶 11～21 片,披针形或椭圆状披针形。花序宽大顶生。蓇葖果先端具短喙尖,表面腺点不甚突起,成熟后灰绿色至棕绿色,很少有紫红色。花期 6～8 月份,果期 9～11 月份。

# (二)主要栽培品种

花椒在我国栽培历史悠久,分布广泛,变异复杂,生态类型多样。经长期的自然选择和人工选育,已形成 60 多个栽培品种和类型。目前,生产中具有代表性的主要栽培品种有:

## 1. 大红袍

也叫大红椒、狮子头、疙瘩椒,是栽培最多、范围较广的优良品种。该品种盛果期树高 3～5 米,树势旺盛,生长迅速,分枝角度小,树姿半开张,树冠半圆形。当年生新梢红色,一年生枝紫褐色,多年生枝灰褐色。皮刺基部宽厚,先端渐尖。叶片广卵圆形,叶色浓绿,叶片较厚而有光泽,表面光滑。果实 8 月中旬至 9 月上旬成熟,成熟的果实艳红色,表面疣状腺点突起明显,果柄短,果穗紧密,果实颗粒大,直径 5～6 毫米,鲜果千粒重 85 克左右。成熟的果实易开裂,采收期较短,晒干后的果皮呈浓红色,麻味浓,品质上乘。一般 4～5 千克鲜果可晒制 1 千克干椒皮。

大红袍花椒丰产性强,喜肥抗旱,但不耐水湿不耐寒,适宜在海拔300～1800米的干旱山区和丘陵区的梯田、台地、坡地和沟谷阶地上栽培。在陕西、甘肃、山西、河南、山东等省广泛栽培，并形成许多不同的生态类型。

## 2. 大红椒

又称油椒、二红袍、二性子等。该品种盛果期树高2.5～4.5米，分枝角度大，树姿开张，树势中庸，树冠圆头形。当年生新梢绿色，一年生枝褐绿色，多年生枝灰褐色。皮刺基部宽扁，尖端短钝，并随枝龄增加，常从基部脱落。叶片较宽大，卵状矩圆形，叶色较大红袍浅，表面光滑。果实9月中旬前后成熟，成熟时红色，且具油光光泽，表面疣状腺点明显，果穗松散，果柄较长较粗，果实颗粒大小中等、均匀，直径4.5～5.0毫米，鲜果千粒重70克左右。晒干后的果皮呈酱红色，果皮较厚，具浓郁的麻香味，品质上乘。一般3.5～4.0千克鲜果可晒1千克干椒皮。

大红椒丰产、稳产性强，喜肥耐湿，抗逆性强，适宜在海拔1300～1700米的干旱山区、川台区和四旁地栽植。在西北、华北各省栽培较多。

## 3. 小红椒

也叫小红袍、小椒子、米椒、马尾椒等。该品种盛果期树高2～4米，分枝角度大，树姿开张，树势中庸，树冠扁圆形。当年生枝条绿色，阳面略带红色，一年生枝条褐绿色，多年生枝灰绿色。皮刺较小，稀而尖利。叶片较小且薄，叶色淡绿。果实8月上中旬成熟，成熟时鲜红色，果柄较长，果穗较松散，果实颗粒小，大小不甚整齐，直径4.0～4.5毫米，鲜果千粒重58克左右。成熟后的果皮易开裂，采收期短。晒干后的果皮红色

鲜艳,麻香味浓郁,特别是香味浓,品质上乘。一般 3.0～3.5
千克鲜果可晒 1 千克干椒皮。

小红椒枝条细软,易下垂,萌芽率和成枝率均高,结果早。
但果实成熟时果皮易开裂,栽植时面积不宜太大,以免因不能
及时采收,造成大量落果,影响产量和品质。在河北、山东、河
南、山西、陕西等省都有栽培,以山西的晋东南地区和河北的
太行山区栽培较多。

## 4. 白沙椒

也叫白里椒、白沙旦。该品种盛果期树高 2.5～5.0 米。当
年生枝绿白色,一年生枝淡褐绿色,多年生枝灰绿色。皮刺大
而稀疏,在多年生枝的基部常脱落。叶片较宽大,叶色淡绿。果
实 8 月中下旬成熟,成熟时淡红色,果柄较长,果穗松散,果实
颗粒大小中等,鲜果千粒重 75 克左右,晒干后干椒皮褐红色,
麻香味较浓,但色泽较差。一般 3.5～4.0 千克鲜果可晒 1 千
克干椒皮。

白沙椒的丰产性和稳产性均强,但椒皮色泽较差,市场销售
不太好,不可栽培太多。在山东、河北、河南、山西栽培较普遍。

## 5. 豆 椒

又叫白椒。该品种盛果期树高为 2.5～3.0 米,分枝角度
大,树姿开张,树势较强。当年生枝绿白色,一年生枝淡褐绿
色,多年生枝灰褐色。皮刺基部宽大,先端钝。叶片较大,淡绿
色,长卵圆形。果实 9 月下旬至 10 月中旬成熟,果柄粗长,果
穗松散,果实成熟前由绿色变为绿白色,颗粒大,果皮厚,直径
5.5～6.5 毫米,鲜果千粒重 91 克左右。果实成熟时淡红色,
晒干后暗红色,椒皮品质中等。一般 4～5 千克鲜果可晒制 1

千克干椒皮。

豆椒抗性强,产量高,在黄河流域的甘肃、山西、陕西等省均有栽培。

## 6. 秦安 1 号

也叫大狮子头,是甘肃省秦安县林业局在本县郭加乡槐庙村发现的大红袍个体变异类型。其分枝角度较小,树姿半开张,树势健壮。枝条特征同大红袍。叶片宽大卵圆形,叶脉略下陷,表面波浪状,叶色浓绿。果实 8 月下旬至 9 月上旬成熟,果穗大而紧凑,果柄极短,果实颗粒大,鲜果千粒重 88 克左右。成熟时鲜红色,晒干后的椒皮浓红色,色泽鲜艳,麻香味浓,品质上乘。

该类型喜水肥,耐瘠薄,抗干旱,耐寒冷。适宜在干旱或半干旱地区栽培。目前在产地大量推广,并引种到周边省、自治区。

# 三、生长结果习性

花椒树体寿命一般为 30～40 年,最长达 50～80 年,经济寿命约 15～20 年。栽植 1～3 年内离心生长旺盛,形成骨干枝并开始建造树冠。定植 2～3 年即可开始结果。4～6 年生骨干枝延伸很快,分枝大量增加,树冠扩展迅速,结果量逐年提高。7～8 年生以后,树体进入盛果期,年产干椒皮平均 2～3 千克;10 年生以上丰产树可达 5 千克左右。15 年生以后,结果量逐年递减,出现干梢现象;20～30 年生以后,部分主、侧枝及大量结果枝枯死,坐果率很低,树冠内膛出现更新枝。地上部分完全枯死后,常于根颈处萌生许多新枝干,重新开始离心生长,形成新株丛。

# (一)生长特性

## 1. 根系生长

花椒在地面根颈以下部分总称为根系。根系由主根、侧根和须根组成。主根是由种子的胚根发育而成,但常因苗木移栽时被切断而并不发达,其长度只有 20～40 厘米。侧根是主根上分生出的 3～5 条粗壮而呈水平延伸的一级根,随着树龄的增加,不断加粗生长,且向四周延伸,同时分生小侧根,形成强大的根系骨架。须根是主根和侧根上发出的细而多次分生的细短网状根,粗度多在 0.5～1.0 毫米。从须根上生长出大量细短的吸收根,是花椒吸收水肥的主要部位。

花椒为浅根性树种,根系垂直分布较浅,而水平分布范围很广。盛果期树,根系最深分布在 1.5 米左右,较粗的侧根多分布在 40～60 厘米的土层中,较细的须根集中分布在 10～40 厘米的土层中,也是吸收根的主要分布层。根系水平扩展范围可达 15 米以上,约为树冠直径的 5 倍左右,而须根及吸收根集中分布在树干距树冠投影外缘 0.5～1.5 倍的范围内。从花椒根系分布特征看,须根和吸收根虽水平分布范围较广,但垂直分布较浅,所以,在干旱少雨年份,花椒往往首先表现出受旱。

花椒根系在一年中的生长变化因品种、树龄及环境条件的不同而异,但同一品种在同一地区,其根系生长强弱随土壤温度和树体营养的变化而变化。通常,根系开始生长活动早于地上部分,当春季10厘米深处地温达到5℃时开始生长,直至落叶出现3次生长高峰:第一次生长高峰出现在萌芽前后,以后随着地上部新梢的生长和开花结果,根系得到的营养物质也随之减少,其生长也逐渐转缓;第二次生长高峰出现在5月中旬至6月中旬,此时新梢生长减缓,绝大部分叶片已进入成叶阶段,光合功能增强,树体营养物质增多,加之土壤温度升高,根系生长进入一年中最旺盛的时期,生根数量大,生长速度快;第三次生长高峰出现在果实采收后的9月下旬至10月下旬,此时,果实已采收,秋梢停长,树体营养消耗减少,积累增加,根生长加快,以后随土壤温度的下降,根系生长越来越缓慢,并逐渐停止生长。

花椒根系的趋温性与趋氧性,与其他树种相比更为明显,特别是大红袍在土壤疏松的坡地、石质山地的冲积扇和石头垒边的地埂上生长旺盛,而在雨季集流过水地带或进水口处,常因短时积水,造成根系供氧不足和地温下降而突然死亡。

## 2. 枝芽生长

(1)芽及其生长  花椒的芽有叶芽和花芽之分。

叶芽根据发育状况、着生部位和活动性可分为营养芽和潜伏芽两种。营养芽发育较好,芽体饱满,着生在发育枝和徒长枝的中上部,翌年春季可萌发形成枝条。潜伏芽(又叫隐芽、休眠芽),发育较差,芽体瘦小,着生在发育枝、徒长枝、结果枝的下部,多不萌发,并随枝条的生长被夹埋在树皮内,呈潜伏状态,潜伏寿命很长,可达几十年,只有当受到修剪刺激或进入衰老期后,可萌发形成较强壮的徒长枝。

花芽,芽体饱满,呈圆形,着生在一年生枝(结果母枝)的中上部。花芽实质上是一个混合芽,芽体内既有花器的原始体,又有雏梢的原始体,春季萌发后,先抽生一段新梢(也叫结果枝),然后在新梢顶端抽生花序,开花结果。花椒树到盛果期很容易形成花芽,一般在生长健壮的结果枝、发育枝和中庸偏弱的徒长枝的中上部均可形成花芽。

(2)枝叶及其生长　花椒的枝条按其特性可分为发育枝、徒长枝、结果母枝和结果枝四类。

发育枝,是由营养芽萌发而来。当年生长旺盛,其上形不成花芽,落叶后为一年生发育枝;当年生长中庸健壮,其上可形成花芽,落叶后转化为结果母枝。发育枝是扩大树冠和形成结果枝的基础,也是树体营养物质合成的主要场所。发育枝有长、中、短枝之分,长度在30厘米以上为长发育枝,15～30厘米的为中发育枝,15厘米以下的为短发育枝。定植后到初果期,发育枝多为长、中枝;进入盛果期后,发育枝数量较少,且多为短枝,也很容易转化为结果母枝。

徒长枝,是由多年生枝皮内的潜伏芽在枝、干折断或受到剪截刺激及树体衰老时萌发而成,它生长旺盛,直立粗长,长度多为50～100厘米。徒长枝多着生在树冠内膛和树干基部,生长速度往往较快,组织不充实,消耗养分多,影响树体的生长和结果。通常徒长枝在盛果期及其以前多不保留,应及早疏除;在盛果期后期到树体衰老期,可根据空间和需要,有选择地改造成结果枝组或培养成骨干枝,更新树冠。

结果枝,是由混合芽萌发而来,顶端着生果穗的枝条。结果初期,树冠内结果枝较少,进入盛果期后,树冠内大多数新梢成为结果枝,且结果后先端芽及其以下1～2个芽仍可形成混合花芽,转化为翌年的结果母枝。结果枝按其长度可分为长果枝、中果枝和短果枝。长度在5厘米以上的为长果枝,2～5厘米的为中果枝,2厘米以下的为短果枝。各类结果枝的结果能力,与其长度和粗度有密切关系,一般情况下,粗壮的长、中果枝的坐果率高,果穗大;细弱的短果枝坐果率低,果穗小。各类结果枝的数量和比例,常因品种、树龄、立地条件和栽培管理技术水平不同而异。一般情况下,结果初期树结果枝数量少,而且长、中果枝比例大;盛果期和衰老期树,结果枝数量多,且短果枝比例高;生长在立地条件较好的地方,结果枝长而粗壮;生长在立地条件较差的地方,结果枝短而细弱。

结果母枝,并不是永久性角色,而是发育枝或结果枝在其上形成混合芽后到花芽萌发,抽生结果枝,开花结果这段时间所承担的角色,果实采收后转化为枝组枝轴。但在休眠期,树体上仅有着生混合芽的结果母枝,而无结果枝。在结果初期,结果母枝主要是由中庸健壮的发育枝转化而来,在盛果期及其以后,主要是由生长健壮的结果枝转化而来。结果母枝抽生结果枝的能力与其长短和粗壮程度成正相关。长而粗壮的结果母枝抽生结果枝能力强,抽生的结果枝结果也多;而细弱的结果母枝抽生结果枝能力弱,抽生的结果枝结果也少。

枝条生长在春季气温稳定在 10℃ 左右时开始,1 年中出现 2 次生长高峰。但是,不同类型的枝条在生长时间、生长量和出现生长高峰的次数等方面均有较大差异。结果枝 1 年中只有 1 次生长高峰,一般出现在 4 月上旬至 5 月上旬,其生长高峰持续时间短,生长量较小,一般 2～15 厘米。发育枝和徒长枝在 1 年中生长时间长,生长量大,并出现 2 次生长高峰。一般发育枝年生长量在 20～50 厘米,徒长枝在 50～100 厘米,第一次生长高峰出现在展叶后至椒果开始迅速膨大,其生长量占全年总生长量的 35%;第二次生长高峰大体出现在 6 月下旬椒果膨大结束至 8 月上中旬,其生长量约占 40%。花椒新梢的加粗生长和伸长生长同步出现,但持续时间较长。

花椒为奇数羽状复叶,每一复叶着生小叶 3～11 片,多数为 5～9 片。小叶长椭圆形或卵圆形,先端尖。在同一复叶上顶叶最大,由顶部向基部逐渐减小。小叶的大小、形状和色泽因品种、树龄不同而异,同一品种则取决于立地条件的优劣和栽培技术的高低。一般情况下,立地条件好,栽培技术得当,树体生长健壮,叶片就大而厚,叶色也浓绿;立地条件差,栽培管理水平低,树体生长弱,则叶片小而薄,叶色淡绿。

叶片生长几乎与新梢生长同时开始,随新梢生长,幼叶开始分离,并逐渐增大加厚,形成固定大小的成叶,发挥光合功能。叶片形成的快慢、大小和多少,除与春季萌芽后的气温有关外,还与前一年树体内贮藏养分的多少密切相关。一般来说,树体贮藏养分多,翌年春季枝叶形成速度就快,数量就多;相反,树体贮藏养分少,枝叶形成速度就慢,数量也少。每一枝条上复叶数量的多少,对枝条和果实的生长发育及花芽分化的影响很大。着生 3 个以上复叶的结果枝,才能保证果穗的发育,并形成良好的混合芽;着生 1～2 个复叶的结果枝,特别是只着生 1 个复叶的结果枝,其果穗发育不良,也不能形成饱满的混合芽,在冬季甚至往往枯死。因此,生产中既要促进生长前期新梢的加速生长,加快叶片的形成,又要加强中后期叶片的保护,防止叶片过早老化,维持叶片的光合功能,促进树体养分的积累和贮藏。

# (二)结果特性

## 1. 花芽分化

花芽分化是指叶芽在树体内有足够的养分积累和外界光

照充足,温度适宜的条件下,向花芽转化的全过程。花芽分化开始于新梢生长的第一次高峰之后,大致在 6 月上旬,花序分化在 6 月中旬至 7 月上旬,花蕾分化在 6 月下旬至 7 月中旬,花萼分化在 6 月下旬至 8 月上旬,此后花的分化处于停顿状态,并以此状态越冬,到翌年 3 月下旬至 4 月上旬进行雌蕊分化,同时,花芽开始萌动。

花芽分化是开花结果的基础,花芽分化的数量和质量直接影响着第二年花椒的产量。花芽分化又受很多内在因素和外界条件的影响,其中树体营养物质积累水平和外界光照条件是影响花芽分化的主要因素。树体内营养物质的积累则取决于叶片的光合功能和光合产物的分配利用两个方面;光照条件则取决于当地光照强度、光照时间及树冠通风透光状况。因此,增强叶片光合功能,减少树体营养物质不必要的消耗,选择光照条件好的园地,保持树冠通风透光,是促进花芽分化的主要途径。

## 2. 开花坐果

花椒花芽萌动后,先抽生结果枝,当结果新梢第一复叶展开后,花序逐渐显露,并随新梢的伸长而伸展,发育良好的花序长约 3～5 厘米,有 50～150 朵花,有的多达 200 朵以上。花序伸展结束后 1～2 天,花开始开放。花被开裂,露出子房体,无花瓣,1～2 天后柱头向外弯曲,由淡绿色变为淡黄色,且具有光泽的分泌物增多,此时为授粉的最佳时期。柱头弯曲后 4～6 天变为枯黄色,枯萎脱落,子房开始膨大,形成幼小椒果,即完成坐果。

花椒一般在 5 月中旬左右开花,花房显露到初花期约 10～12 天,初花期到末花期约 14～18 天。影响开花坐果的因素除树体贮藏养分的多少外,外界因素主要是低温和虫害。北方地区,花期常受晚霜冻害和蚜虫为害,引起落花落果。

## 3. 果实发育

花椒果实由1～4粒无柄的小蓇葖果聚生而成。在柱头枯落后的15～20天内,果实迅速膨大,体积生长量达全年总生长量的90%以上;此后主要是果皮增厚,种仁充实,重量继续增加。随着果实的发育,幼果由绿色变为绿白至浅红,当呈现红色或紫红色,表面疣状突起明显,有光泽,少数果皮开裂时,即标志椒果已充分成熟。

果实在发育的过程中,常因营养不足和环境条件不良而引起落花落果。营养来源主要是树体贮藏的养分和入春以来的水肥供应,贮藏养分多,结果母枝粗壮,水肥供应充足,结果枝就生长健壮。一般情况下,结果母枝和结果枝粗壮的树坐果率就高,可达35%左右;结果母枝和结果枝细弱的树坐果率就低,仅达17%～25%。不良环境条件,如低温冻害,长期干旱,病虫滋生,枝条过密,光照不足,雨水过多等,常引起大量落果。另外,同一果序中,由于果实生长发育往往不很整齐,有快有慢,使椒果大小不一。还有部分幼果在生长发育中,由于生理失调,中途停止发育,但直到成熟期也不脱落,果实中无种子,晒干后也不开裂,常依附在正常果实的旁边,其数量对椒果产量和品质有很大影响。果实发育中的生理失调,虽然与品种有关,但同一品种则与树体的营养状况有密切关系。一般来说,树势健壮,绝大部分果实发育正常;相反,中途停止发育的果实就比较多。

# （三）个体生命周期

从种子萌发生长形成植株或苗木定植成活后，经过生长发育，开花结果，直到衰老死亡的全过程称为个体生命周期。完成个体生命周期所经历的时期称为自然寿命。一般情况下，花椒的自然寿命为 40 年左右，最多可达 50～80 年。在花椒的一生中，随着树龄增长，按其生长发育的变化，可分为幼龄期、结果初期、结果盛期和衰老期四个生长发育阶段。每个生长发育阶段都有其生长发育特点和形态表现。同时，各个生长发育阶段又不是截然分开的，而是存在着前一阶段影响下一阶段的内在联系。

## 1. 幼 龄 期

从种子萌发或苗木定植成活到开花结果前为幼龄期，也叫营养生长期。花椒的幼龄期一般为 2～3 年。这一时期树体生长发育的特点是离心生长旺盛，地下部和地上部迅速扩大，开始形成根系和树体骨架。播种当年地下部主根明显，向下延伸达 30～40 厘米，而定植当年地下部主根不明显，主根形成大量新根，向四周伸展；从第二年开始，主根向下延伸的速度减缓，侧根生长增强，根系主要向水平方向扩展，扩展范围大于枝展范围。地上部分从第二年开始旺长，单枝生长势强，分枝角度小，各枝间长势基本一样，无明显中心主枝或中心主枝无明显优势；第三年单株生长势减缓，形成较多的中短枝，在自然生长状态下，枝展常大于树高。这一时期新梢生长量大，节间长，停止生长晚，新梢生长消耗营养物质多，枝条内营养积累少，发育不充实。在北方较寒冷地区的冬季常易发生"抽梢"。

幼龄期是树冠骨架建造和根系形成时期,对花椒一生的生长发育有着重要的影响,其生长好坏直接关系到树体的早果和丰产。这一时期栽培上的主要任务是,促进树冠和根系的迅速扩大,培养好树体骨架,保证树体正常生长发育,促进树体营养积累,为早结果和丰产奠定基础。

## 2. 结果初期

从开始开花结果到大量结果以前为结果初期,也叫生长结果期。这一时期的前期,树体生长仍然很旺盛,分枝大量增加,骨干枝不断向外延伸,树冠继续扩大。到后期,骨干枝延伸缓慢,分枝量和分枝级数增加,花芽量增加,结果量逐渐递增。其结果特点是,初期多以长、中果枝结果,随后中、短果枝结果增多;结果的主要部位也由内膛逐年向外围扩展。结果初期的果穗大,坐果率高,果粒较大,色泽鲜艳。

结果初期是树体骨架进一步形成,结果量逐年增加的时期,即由营养生长占优势到逐渐与生殖生长趋于平衡的阶段。这一时期栽培上的主要任务是尽快完成骨干枝的配备,培养好枝组,在树体健壮生长的前提下,迅速提高产量。如果忽视枝组培养和树体的健壮生长,片面追求高产,就会引起树体早衰,影响盛果期年限。

## 3. 结果盛期

从开始大量结果到树体衰老以前为结果盛期,也叫盛果期。花椒的盛果期一般为15~25年,进入结果盛期的花椒,其根系和树冠的扩展范围都已达到最大限度,树姿逐渐开张,结果枝大量增加,产量达到高峰。后期,骨干枝上光照不良部位的结果枝出现干枯死亡现象,内膛逐渐空虚,结果部位外移,短果枝比例显著增加。这一时期如果管理不当或结果过多,都会引起"大小年"结果,加快衰老期出现。

结果盛期是花椒栽培获得最大经济收获的时期,因此这一时期栽培上的主要任务是稳定树势,防止"大小年"结果,推迟衰老期出现,延长本期年限,保证连年高产稳产,以争取最大的经济效益。

## 4. 衰 老 期

树体开始衰老到死亡为衰老期,一般情况下,花椒树龄达到 25～30 年以后,开始进入衰老期。初期树体主要表现为抽生新梢能力逐渐减弱,内膛和背下结果枝开始枯死,主、侧枝的先端出现焦梢甚至枯死现象,结果枝细弱短小,内膛萌发大量徒长枝,产量递减。后期,部分主枝和侧枝枯死,内膛出现大的更新枝,向心更新生长明显增强,同时坐果率显著降低,产量急剧下降。

衰老期栽培管理的主要任务是:加强肥水管理和树体保护,延缓树体衰老。同时,要充分利用内膛徒长枝,有计划地进行局部更新,恢复树势,保证获得一定的产量。当获得的经济效益不高时,应尽快着手全园更新。

在花椒一生中,虽然每个生长发育阶段的生长发育特点、形态表现、时间长短都各不相同,但各阶段之间并不存在截然分开的界线,往往是逐渐过渡和交错进行的。各阶段生长发育的变化速度和时期长短,主要取决于立地条件的好坏和栽培技术合理与否。在花椒一生的栽培管理中,应坚持以树冠的设计大小、布局合理为前提,适当缩短幼龄期;以高产、稳产和长期的经济效益为目标,最大限度地延长结果年限;以收获的经济效益为指标,延缓衰老,缩短衰老期,合理应用栽培技术,创造良好的环境条件,获得生命周期内的最大经济收益以及生态效益。

# 四、生长发育对环境条件的要求

## (一) 温　度

花椒是喜温不耐寒的树种。在年平均气温为 8～16℃的地区都有栽培,但 10～15℃的地区栽培较多,在年平均气温低于 10℃的地区,虽然也有栽培,但常有冻害发生。花椒能耐 −21℃的低温,如果冬季气温降到 −25℃时,不但幼树要遭受冻害,就是大树也有冻死的危险。

当春季气温回升变暖,日平均气温稳定在 6℃以上时,芽开始萌动,10℃左右萌芽抽梢。花期适宜的平均气温为 16～18℃,果实发育适宜的平均气温为 20～25℃。春季气温高低对花椒当年的产量影响最大。在北方地区,春季常发生"倒春寒",造成花器受冻,当年减产。因此,在春季寒冷多风地区建园时,营造椒园防护林是防止花椒受冻、提高早期生长温度的主要措施之一。

## (二) 光　照

花椒是强阳性树种。光照条件直接影响树体的生长发育和果实的产量与品质。花椒生长一般要求年日照时数不得少于 1 800 小时,生长期日照时数不少于 1 200 小时。在光照充足的条件下,树体生长发育健壮,椒果产量高,品质好。光照不足时,则枝条细弱,分枝少,果穗和果粒都小,果实着色差。开花期光照良好,坐果率高,如遇阴雨、低温天气则易引起大量落花落果。

在一株树上,树冠外围光照条件好,内膛光照条件差,则外围枝花芽饱满,坐果率高,而内膛枝花芽瘦小,坐果少。若长期内膛光照不足,就会引起内膛小枝枯死,结果部位外移。因此,在建园时既要考虑当地的日照时数,也要注意合理密植,保证树冠获得充足的光照。在栽培管理上,应合理整形修剪,保持树冠通风透光,实现树冠内外结果。

## (三) 水 分

花椒抗旱性较强,一般在年降水量 500 毫米以上,且分布比较均匀的条件下,可基本满足花椒的生长发育;在年降雨量 500 毫米以下,且 6 月份以前降水较少的地区,可于萌芽前和坐果后各灌水 1 次,即可保证花椒的正常生长和结果。但是,由于花椒根系分布浅,难以忍耐严重干旱。据常剑文等的资料,在粘质壤土上生长的植株,土壤含水量低于 10.4% 时,叶片出现轻度萎蔫,低于 8.5% 时出现重度萎蔫,降至 6.4% 以下时,会导致植株死亡。

花椒根系耐水性很差,土壤含水量过高和排水不良,都会严重影响花椒的生长与结果。据笔者在甘肃武都县和秦安县调查,生长季节花椒树冠下灌水过量或过水时间较长,甚至洪水经过都会导致植株死亡。因此,花椒不宜栽植在低洼易涝的地方,灌水时应避免树冠下长时间过水或积水。

# （四）土　壤

花椒属浅根性树种,根系主要分布在距地面60厘米的土层内,一般土壤厚度80厘米左右即可基本满足花椒的生长结果。土层深厚,则根系强大,地上部生长健壮,椒果产量高,品质好;相反,土层浅薄,根系分布浅,影响地上部的生长结果,往往形成"小老树"。

花椒根系喜肥好气。因此,沙壤土和中壤土最适宜花椒的生长发育,沙性大的土壤和极粘重的土壤则不利于花椒的生长;土壤肥沃,可满足花椒健壮生长和连年丰产的要求。当然,花椒对土壤的适应性很强,除极粘重的土壤和粗沙地、沼泽地、盐碱地外,一般的沙土、轻壤土、轻粘壤土均可栽培。

花椒在土壤pH值6.5～8.0的范围内都能栽植,但以pH值7.0～7.5的范围内生长结果为最好。花椒喜钙,在石灰岩山地上生长特别好。

# （五）地　势

花椒多在山地上栽培。山地地形复杂,地势变化大,气候和土壤条件差异也较大,其中海拔高度、坡度和坡向对花椒的生长和结果有明显的影响。

海拔高度不同,光、热、水、风等气候条件以及土壤条件也不同,对花椒的生长发育产生不同的影响。一般紫外光随海拔的升高而增多,热量下降,风力增大,花椒的生长量和椒果产量呈下降趋势。花椒的垂直分布,太行山、吕梁山、山东半岛等地在海拔800米以下;秦岭以南在海拔500～1 500米之间;

秦岭以北多在海拔 1 200～2 000 米之间；云贵高原、川西山地多在海拔 1 500～2 600 米之间。

缓坡和下坡的土层深厚，土壤肥力和水分条件较好，花椒的生长发育也好。陡坡和上坡的土层薄，土壤肥力和水分条件较差，花椒的生长发育也较差。

坡向主要影响光照。坡向对花椒生长发育的影响较坡度明显。一般阳坡较阴坡光照时间长，光照充足，温度高，所以花椒在阳坡和半阳坡上生长结实明显好于阴坡。但在干旱半干旱地区，由于水分条件的制约，阴坡对花椒生长结果的影响表现为略好于阳坡。据笔者在甘肃花椒主产区秦安县西川乡的调查结果（表 1），大红袍、豆椒和油椒 3 个主栽品种同龄期在不同坡向条件下生长和结实均有较大差异。阴坡与阳坡相比，5 年生大红袍新梢生长量高 47％，结实量高 40％；7 年生豆椒新梢生长量高 13％，结实量高 22％。

表 1　不同坡向条件下花椒生长结实调查统计表

| 栽培品种 | 立地条件 | 树龄<br>（年） | 新梢长度<br>（厘米） | 结实量<br>（千克/株） |
|---|---|---|---|---|
| 大红袍 | 阳坡 | 5 | 81 | 1.5 |
| | 阴坡 | 5 | 120 | 2.1 |
| 油　椒 | 阳坡 | 8 | 96 | 3.2 |
| | 阴坡 | 7 | 101 | 3.1 |
| 豆　椒 | 阳坡 | 7 | 82 | 3.1 |
| | 阴坡 | 7 | 93 | 3.8 |

# 五、苗木繁殖

## （一）实生苗培育

### 1. 种子的采集与处理

常言道："良种出壮苗,壮苗长好树,好树结好果"。种子是育苗、建园的物质基础,而选用良种是培育壮苗和椒园优质、丰产的保证。良种不仅是保证育苗成败的关键,而且也直接关系到花椒栽植后的生长、产量、品质。因此,花椒种子的选择,既要考虑适生优良品种,又要注意对采种母树的选择、种子采集、处理及贮藏等。

（1）种子的采集

①种子产地的选择　一般要求就地育苗,就地采种。近年来,随着市场经济的发展,花椒生产在农村经济中占有重要地位,栽培区域逐渐扩大,一些新发展的栽培区或种源不足的地区往往需要从其他产区调种。因此,首先要考虑的是种子产地与育苗地之间的生态环境的差异程度,应尽量选择与育苗和建园地土壤、气候等环境条件相近的地区进行调种,以适应花椒的生长。

②采种母树的选择　选择采种母树是种子采集的重要环节。优良母树才能结出优质的种子。因此,采种必须从优良母树上采集。

采种的母树最好选地势向阳、生长健壮、品质优良、无病虫害、结实年龄在 10～15 年生的结果树。

③采种的时间 适时采种是保证种子质量的关键。适时采集的种子其内部各种营养物质的积累较多,已转化为贮藏状态,种子质量好,发芽率高。若采摘过早,种子未成熟,内部含水率较高,各种营养物质还处于易溶状态,种子不饱满,发芽率低;若采摘过晚,种子易脱落,给采种工作造成困难。花椒因其品种不同,种子成熟的时间差异很大。在甘肃秦安县,秦安 1 号、大红袍、七月黄一般 7 月份成熟,油椒 8 月份成熟,豆椒 9 月下旬成熟。同一品种在不同地区也有差异。一般当果实由绿色变成紫红色,种子变为蓝黑色,有少量果皮开裂时即可采收。

④采种方法 花椒种子采收为人工采摘。采种时用手摘取或用剪刀将果实随果穗一起剪下,但要注意不能折伤枝条,以免影响母树第二年的结果。

⑤净种 花椒果实成熟采收后,经过暴晒或阴干,果皮与种子即可自行分离,但选作育苗用的种子,果实采收后不能直接在太阳下暴晒,要放在通风良好,干燥的室内或在阴凉通风处摊开晾干。但应注意摊放不要太厚,以 3～4 厘米为宜,每天翻动 2～3 次,以免发热发霉,影响种子质量,待果皮干裂后,用小棍轻轻敲击,使种子从果皮中脱出,分离果皮(花椒)、果柄、杂质,即得到纯净种子。

(2)种子处理和贮藏

①脱脂处理 花椒种子外壳坚硬,富含油脂,不易吸收水分,播种后当年难于发芽。因此,育苗用的种子,不论当年秋季或翌年春季播种,都必须先进行脱脂处理。其具体方法如下:

其一,碱水浸泡法

净种:用水选法进行。将预处理的种子放入多于种子 1～

2 倍的水中,搅拌后静置 20～30 分钟,除去上浮的秕籽和杂质,剩余的则为纯净的优良种子。纯净种子每千克约 5.5 万～6 万粒,千粒重 16～18 克。其发芽率可达 85%。

浸洗:将精选后的种子放入铁锅或缸内,倒入 2%～2.5% 的碱水溶液或洗衣粉水中,水量以淹没种子为宜,浸泡 10～24 小时后,用手搓洗,除去种子表皮油质;或用竹子扎成直径 5～10 厘米的小把,在容器内不停地捣,直至种子失去光泽为宜;也可将浸过水的种子捞出,和沙子混合后用鞋底搓揉,除去表皮油质。然后用清水冲洗 1～2 次,将碱水或洗衣粉冲净即可。最后将脱脂洗净的种子捞出,用黄土按 1:1 的比例搅拌混合后摊于阴凉干燥处,到秋季即可播种。

其二,牛粪拌种法:用新鲜牛粪与花椒种子按 6:1 的比例混合均匀,抹平摊放在向阳背风的地方,厚度为 7～10 厘米,晒干后切成 10～20 厘米大小的方块,放在通风干燥处保存。种皮油质经过一个冬季后自然除去,春季播种时,打碎牛粪块,即可播种。

②春播种子的越冬贮藏及催芽处理  冬季贮藏种子的方法:一是牛粪拌种贮藏。用牛粪拌种法脱脂处理的种子可直接贮存。用碱水浸泡法处理的种子,可与适量牛粪混拌均匀后,埋入深 30 厘米的坑内,覆土 10～15 厘米,踩实后覆草,翌年春季取出,打碎牛粪块后,和牛粪一起播种。二是小窖贮藏。选择土壤湿润、排水良好、温暖向阳的地方,挖一口径为 100 厘米,底径为 35 厘米左右的小窖,深 70 厘米左右,一层种子一层湿土装入窖内,种子厚 10～15 厘米,覆土厚 10 厘米,尔后倒入水或人粪尿一担,待下渗后再覆 3～5 厘米厚的湿土,窖顶用杂草覆盖,待春季种子膨胀裂口时即可播种。三是土块干藏。将脱脂处理的种子和草木灰按 1:3 的比例混合,加水渗透,堆积贮藏。

或将种子、黄土、牛粪、草木灰按 1∶2∶2∶1 的比例混合均匀，加水做成泥饼阴干堆集越冬。到春季时打碎土块，即可进行播种。四是沙藏法。将脱脂处理的种子和湿沙按 1∶3 的比例混合后，选排水良好的地方，挖宽 1 米、深 40～50 厘米的大坑(坑的大小、深度视种子多少而定)，将种子和湿沙混合放入坑内。也可一层沙子一层种子装入坑内，上面覆土 10～15 厘米，待春天取出即可播种。五是密封贮藏法。将脱去油质的种子阴干后，装入缸内或罐内，将罐口密封干藏。用干藏法贮藏的种子，在春季播种时还必须进行催芽处理，其具体方法是：将干藏的种子倒入 2 倍于种子的 80℃ 热水中，搅拌 2～3 分钟，再换温水浸泡，以后每天换温水，3～4 天后，捞出种子放入筐内，置于温暖处，保持湿润，待大部分种子露白时即可播种。

## 2. 苗圃地的选择与整理

(1)苗圃地的选择　苗圃地条件的好坏，直接影响着苗木的产量和质量。育苗地如果选择不当，常给生产造成难以弥补的损失。因此，苗圃地选择应考虑位置、地形和土壤。

①位置　花椒育苗地首先要靠近建园地，就地育苗，就地栽植。这样苗木既能适应园地的环境条件，又可减少运输路程，降低建园成本；还可避免因长途运输造成苗木根系失水，提高栽植成活率。其次，要靠近水源和居民点、交通方便的地方，这样有利于育苗材料及苗木的运输，也便于苗木管理。

②地形　一般育苗地应尽量设置在排水良好的平坦地或 1°～5° 的缓坡地上，如果因条件限制，必须在坡度较大的地方育苗时，则应进行水平耕作或修筑梯田。坡向以温暖向阳的东南坡为宜。半干旱山区则选择东北坡为好。

③土壤　土壤的水分、肥力、通气、热量等条件，对种子的

萌发和苗木的质量,尤其对根系的生长影响很大。花椒属浅根系,根系脆弱,选择的育苗地应以肥沃、疏松、土层深厚的沙质土壤、壤土和轻壤土为宜。不宜选粘土、沙土作苗圃,以 pH7～8 的中性或微碱性土壤为宜。在干旱地区,须有灌溉条件。前茬以豆类为好,注意不可重茬。

(2)苗圃地整理  土壤是苗木生长发育的场所,因此要搞好精耕细作,合理施肥,换茬轮作,提高土壤肥力,改善土壤的温度、湿度和空气状况,为种子发芽和苗木生长创造良好环境。

①整地  整地可以疏松土壤,有利于团粒结构的恢复,并可加深耕作层,促进深层土壤熟化。整地的基本要求是:及时平整,全面耕翻,土壤细碎,清除草根石块,并达到一定的深度。

耕地:具有整地的全部作用,是整地的中心环节。耕地的季节和时间,应根据土壤和气候条件而定。一般应于育苗前实行秋耕,以利于蓄水保墒,改良土壤,消灭病虫杂草。耕作深度以 25～30 厘米左右为宜。

耙地:要求耙平耙透,达到平、松、匀、碎。主要是疏松表土,破碎犁垄,清除杂草,平整地面,混拌肥料和抗旱保墒。耙地时间应根据气候条件而定,秋季播种或干旱地区应在秋季随耕随耙,有灌溉条件的地区宜在翌春顶凌耙地。一般情况下,耕地后要及时耙地。

②施肥  施肥是育苗生产的重要环节之一,是利用各种肥料提高土壤的肥力,促进种子萌发和幼苗生长。

基肥:施基肥的目的在于保证长期不断地给苗木提供养分。所用肥料应是肥效长的各种农家肥和不易被土壤固定的化肥如硫酸铵、氯化钾、速效氮、磷酸二铵等,也可以用过磷酸钙,但应与农家肥沤制后再施,以增强其有效性。

农家肥必须充分腐熟,以免灼伤幼苗并带来杂草种子、病原菌和害虫。

施用农家肥,要采用分层施肥法。即在第一次耕作前将肥料均匀撒在地面,通过翻耕,把肥料埋入耕作层中;而施用饼肥和草木灰作基肥时可在做床前将肥料撒在地面,通过浅耕,埋入耕作层的中上部,以达到分层施肥的目的。

施用量:一般每公顷施饼肥 1 500～2 250 千克,或厩肥、堆肥6万～7.5万千克,并配施磷酸二铵 150～225 千克,氯化钾 45～75 千克。

种肥:是在播种前施用的肥料。主要是供给幼苗生长初期的需要,一般靠近种子或与种子混播。种肥多用颗粒磷肥,每公顷用量 450～750 千克。为了中和游离的磷酸,施用时可加入 15%～20% 的草木灰。

土壤处理:为了防虫灭菌,在播种前5～7天进行土壤处理,一般在床面洒 1%～3% 的硫酸亚铁水溶液,每平方米洒3.0～4.5 千克,也可将硫酸亚铁粉均匀撒入床面或播种沟内进行灭菌。同时,每公顷用 5% 西维因粉 60～75 千克,用喷粉器喷粉,并随即翻耕,进行土壤灭虫。但用药量不能太大,以免发生药害。如临近播种期,药量应尽量减少,以免影响种子发芽。

③做床 为了给种子发芽和幼苗的生长发育创造良好的条件,需要根据不同的育苗方式在育苗地上做床。一般在播种前进行,有灌溉条件的以低床为主,无灌溉条件的以平作方式进行。

床面规格:床面低于步道 20～25 厘米,床面宽 2～3 米,长 6～10 米,床与床之间留高 20～25 厘米、宽 25～30 厘米的步道,便于进行灌溉和不同苗期的管理。

## 3. 播种与播种后的管理

(1)播 种

①播种季节 春秋两季均可播种,以秋季播种较为适宜。

春播:适宜于春季降雨较多、土壤湿润的地方或无灌溉条件的山地育苗。春季播种,种子在土壤中的时间短,受风沙和鸟兽危害的机会少,缩短了播种地的管理时间,且播种后地温很快升高,有利于发芽,苗木出土后也不易遭受冻害。但播种时间较短,田间作业紧迫,同时种子需要冬藏和催芽,育苗成本较大。其具体播种时间因各地区的气候条件而异。一般在幼苗出土后不受晚霜冻害的前提下,以早播为佳。甘肃中部地区一般在土壤解冻后的 3 月上中旬进行。

秋播:适宜于春季干旱的地区。秋季播种的工作时间长,不仅便于安排劳力,而且种子在土壤中完成催芽过程,减少了冬季贮藏和催芽环节。翌春种子发芽早,扎根深,苗木生长期长,抗旱能力强,成苗率高,但种子易受鸟兽危害。秋播一般在土壤封冻前的 10 月下旬至 11 月下旬进行,对晚熟品种如大红袍、豆椒也可以随采随播。

②播种方法 常用的播种方法有条播和撒播两种。

条播:开沟播种,一般行距 20～25 厘米,播幅 10～15 厘米。大田采用单行条播和宽行条播,还可采用由数目不同的播行组成的各种形式的带播。苗行方向以南北向为好。

撒播:将种子均匀撒入圃地后耕作耙磨。撒播省工省时,产苗量高,但撒种难度较大,不便于松土除草及苗木管理。

③播种量 播种量因种子质量和播种方法而异,种子质量好,播种量就小;种子质量差,则播种量就大。条播一般每0.067 公顷 10～15 千克,撒播每 0.067 公顷 20～30 千克。

④播种技术　播种是一个重要环节,播种质量的高低直接影响种子发芽率,出苗快慢,出苗后的整齐程度,以及苗木的产量和质量。

其一,人工播种:人工播种包括开沟、播种、覆土、镇压和覆盖5个工序。

开沟:条播时,为了使播行通直,一般先划线,然后照线开沟,开沟深度为2～5厘米,要均匀一致。

播种:向播种沟内均匀撒上种子,要注意控制好下种量。播种时为了防止播种沟干燥,应边开沟,边播种,边覆土。

覆土:覆土厚度为1～3厘米,干旱条件下可达5厘米左右。有覆沙条件的地区,覆土要薄,以不见种子为宜,然后在播种沟上覆1.5～2.0厘米的细沙。

镇压:为了使种子与土壤紧密结合,以利种子充分吸水而萌芽出土,通常在气候干燥、土壤疏松及土壤水分不足的情况下,覆土后要进行镇压,但对粘重土壤和播种后有灌溉条件的则不宜镇压。

覆盖:播种后,为了防止地表板结,保蓄土壤水分,减少灌溉,抑制杂草生长,防止鸟兽危害,提高种子发芽率,对播种地用塑料薄膜、细沙、秸秆等进行覆盖。

塑料薄膜覆盖,增温保湿,效果较好,出苗快。但播种沟必须低于地面5～10厘米,以免苗木出土后,很快顶在膜上受到灼伤;出苗后要注意观察,当60%的苗木出土后就应及时通风、撤膜,以免灼伤幼苗。

覆沙具有保湿增温和工序简便的优点,但劳动强度较大,费用较高。秋季播种后应立即灌水,待土壤结冻前进行覆沙;春季播种后即可覆沙。覆沙厚度1.5～2.0厘米,每0.067公顷用沙量约10～13立方米。

秸秆覆盖厚度以不见地面为宜,当幼苗大量出土时(出土60%～70%左右),应及时分期撤掉,一般分2～3次完成。

其二,机械播种:在地势平坦的苗圃,可采用播种机播种。其主要优点是:播种量、播种深度和覆土厚度均匀,播幅一致,开沟、播种、覆土、镇压一次完成,幼苗出土均匀整齐,劳动强度小,效率高,成本较低。

其三,地膜覆盖播种:地膜覆盖播种育苗具有增温保湿,抑制杂草生长,出苗整齐,苗木生长快,育苗周期短,成本低等优点,有效地解决了山区无灌溉条件地区花椒育苗出苗率低,育苗周期长的难题。这是一项值得推广的育苗新技术。具体方法是:在整理好的苗床上,按地势沿等高线铺膜,隔段压土,以防地膜被风吹起,步道宽30厘米,然后用穴播机(单行或双行式)进行点播。也可用人工进行点播,行距15厘米,一般80厘米宽的地膜可播种5行,每公顷超薄地膜用量45千克。播种后在播穴上覆土或覆沙,厚度为1厘米。每公顷播穴可达40.5万～45万个,每穴投放种子3～5粒,每公顷可出圃优质苗木27～36万株。

(2)播种后的管理　花椒从种子播种开始直至苗木出圃,需要进行一系列的管理措施。具体包括灌溉、排水、松土、除草、补苗、间苗、定苗、追肥、病虫害防治和苗木保护等。

①灌溉与排水　水是植物的主要成份。土壤水分对种子的萌发和苗木的生长具有重要的作用。土壤水分不足,不仅会造成种子发芽出土困难,而且会使出土后的苗木遭受旱害,生长缓慢;水分过多,会造成土壤通气不良,使土壤板结、粘重,不利于种子的发芽及苗木的生长。

花椒育苗需水量较少。一般秋季播种,在播种后应立即灌水;春季播种,应在播种前灌足底水,播种后进行覆盖。在降雨充沛且分布均匀、土壤墒情较好的情况下,播种前后可不灌水。在出苗期和幼苗生长期(6月份以前),因嫩芽和幼苗怕水淹,多不灌水,若土壤干旱,可采用机械喷灌和人工喷洒,保持土壤湿润即可,切忌大水漫灌和苗圃地内积水。苗木速生期(7～8月份),生长速度快,需水量较大,若遇干旱应进行灌水,但灌水量以灌后积水时间不超过2小时为宜。每次灌水的时间最好在早晨或傍晚。

遇暴雨或连阴雨造成苗圃地积水时应及时排水。

②松土与除草 松土:播种后由于降水、灌溉和人畜、机械的踩压,会造成表层土壤板结紧实,土壤通气不良,保水性能差,不利于幼芽出土及苗木出土后的生长。通过松土,可以减少土壤水分蒸发,促进气体交换,给苗木生长创造适宜的土壤环境,促进苗木生长,并形成强大根系。

秋季播种的育苗地应在翌春土壤解冻后立即进行松土。春季播种的育苗地一般不需要松土,当喷水后表面有板结时,可轻轻疏松表土,打破板结层。苗木出土前的松土尽可能浅些,以免造成翻动种子和碰伤幼芽。在有覆盖的育苗地上,一般不必松土。

苗木出土后的松土工作,在苗木生长前期进行效果较好,因为这时苗木幼小,对不良环境条件的抵抗能力弱,及时松土能帮助苗木战胜杂草。在速生期,苗木需要养分、水分多,松土有利于改善土壤水分和养分条件,促进苗木生长。苗木生长期的松土次数应根据土壤、灌水和杂草情况而定,一般在灌水或降雨后,杂草较多时及时松土除草。全年进行4～6次。

松土深度初期应浅些,一般为2～4厘米,随着苗木的生长,可逐步加深到10厘米左右。为避免伤害苗根,苗根附近宜浅些,行间、带间宜深些。

除草：杂草是花椒苗木的劲敌。花椒幼苗出土较迟，且生长缓慢长势弱，而苗圃杂草生长迅速，长势强旺，与苗木争夺水分、养分和光照。由于杂草危害，种子往往发芽不齐，幼苗出土不整齐，且苗木长势细弱，茎干弯曲，叶片发黄，严重的会出现断垄现象，甚至造成育苗失败。因此，花椒苗期必须及时清除杂草，坚持"除早，除小，除了"的原则，以减轻杂草的危害。

除草方法主要是人工除草，也可使用化学除草剂进行除草。常用的除草剂主要有草甘膦，在苗期可用定向喷雾法施药，每公顷用量为 1 500～3 000 克。

③间苗、补苗和定苗　花椒在播种育苗时，其出苗数量往往大于计划产苗量的若干倍，或出现出苗不齐、密度不匀的现象，影响苗木的产量和质量。因此，必须通过间苗和补苗来调整密度，以保证在一定面积的育苗地内培育出足够数量的优质苗木。

间苗宜早，应实行"早间苗，迟定苗"的原则，在苗木生长初期分 2～3 次完成。当苗木长到高 3 厘米时，就要开始进行第一次间苗，每次间隔 15～20 天。间苗对象以生长不良、发育不健全、遭受机械损伤和病虫危害的幼苗为主。第 2 次间苗时还应除去影响周围多数苗木生长的"霸王苗"。每次间苗量不宜过多，也不可过少，第一次间苗的留苗数应比计划产苗量多50％，第 2 次比计划产苗量多 20％。当苗木长到 10 厘米左右时，即可进行最后一次间苗（即定苗）。定苗时，留苗要均匀，且要比计划产苗量多 5％～10％，以备损伤。花椒苗木出圃量（产苗量）每公顷为 22.5 万～30 万株。

间苗应在雨后或灌水后进行。间苗时不能损伤保留苗根系，若苗木较密，间苗时容易带出土壤而影响附近苗木的生长，可从要间的幼苗根颈处剪苗、摘苗。

为了弥补缺苗断垄现象,可结合间苗进行补苗,用锋利小铲将过密处的苗木带土掘起,随即移栽到缺苗处。栽时注意压实,栽后立即浇水。移植补苗最好在幼苗长出 1～2 片真叶期的阴雨天进行,如在晴天进行,则需适当遮荫,直至成活。

④追肥　追肥应在苗木生长期进行,一般分土壤追肥和叶面追肥两种方式。土壤追肥分别在 6 月下旬和 8 月中旬两次施入。追施的肥料以尿素、硫酸铵、硝酸铵等速效性化学肥料为主。一次性施肥量为每公顷 75～150 千克。

追肥有沟施和叶面追肥两种方法。采用沟施法,即在播种行内开沟施肥,然后封沟,并进行灌水。也可在下雨天,将肥料直接洒入苗床,靠雨水将肥料淋入土壤。叶面追肥是将速效性化肥和微量元素肥料直接喷洒在苗木茎叶上。使用的主要肥料有尿素、过磷酸钙、氯化钾、硫酸钾、磷酸二氢钾、奥普尔、丰收素等。其喷施浓度和时间见表 2。

表 2　根外追肥浓度表

| 肥料种类 | 用量(千克/公顷) | 浓度(%) | 喷施时间 |
| --- | --- | --- | --- |
| 尿　素 | 3.75～7.50 | 0.5～1.0 | 速生期 |
| 过磷酸钙 | 22.5～37.5 | 0.5～1.0 | 幼苗期 |
| 氯化钾、硫酸钾 | 15 | 0.3～0.5 | 9 月份 |
| 磷酸二氢钾 | 7.5 | 1 | 9 月份 |
| 奥普尔 | 1200 毫升 | 1000 倍液 | 出苗后 40 天 |
| 丰收素 | 150 毫升 | 6000 倍液 | 整个生长期 |

喷洒方法:把肥料溶液均匀喷洒到苗木叶子上,时间以早晚空气湿润或阴天为宜。喷时要细致均匀,使叶子的正反面都喷上肥料。喷后 4 小时内如遇雨则失效,需重新补喷。

⑤病虫害防治　花椒苗木在生长过程中,常常会受到病

虫的危害,常见的虫害有花椒蚜虫、凤蝶,病害有花椒锈病。防治工作要实行"防治并举,防重于治","治早,治小"的原则,一经发现,立即防治。这三种病虫害防治中使用的药剂及浓度如下:

花椒蚜虫:4月上旬开始出现,一年繁殖20多代。防治药剂及浓度:40%氧化乐果800～1 000倍液,50%抗蚜威2 000～3 000倍液,5%灭蚜净4 000倍液。

凤蝶:如发生轻微时可人工捕杀幼虫和蛹,大量发生时可喷洒50%敌百虫1 000倍液或80%敌敌畏乳剂1 000倍液。

花椒锈病:发病初期(8月中下旬),可用1∶1∶100波尔多液进行预防,发病期间用25%粉锈宁600倍液喷洒。

# (二) 扦插繁殖

花椒也可用插条育苗和插根育苗的方法进行无性繁殖。用这种方法繁育的苗木比实生苗具有生长快、整齐,能更好地保持母体优良性状等特点。但有时插条短缺,而且费工费时,技术要求高,一般多不采用。

据辽宁省林业科学研究所报道:硬枝扦插成活率平均为79%左右,最高达98%。其中1年生枝条较2年生枝条成活率高。根插成活率为36%～79%,其中斜插较弓形插成活率高。以下对插条育苗技术作一简要介绍:

## 1. 插条的采集与截制

在早春树液未流动前,选择无病虫害、生长健壮的幼龄母树,采集1～2年生的花椒枝条,截成25～30厘米长的插穗，上端剪平，下端剪成马耳形。

## 2. 插穗处理

由于花椒插条育苗生根困难，成活需要较长时间，常造成假活生长现象。因此，为促进插穗早生根，多生根，提高扦插成活率，需对插穗进行浸泡处理。常用的药剂有萘乙酸（NAA）。具体方法是：将插穗扎成直径为 10～15 厘米的捆，浸入萘乙酸 50 倍水溶液中，经 24 或 48 小时后即可取出。

## 3. 扦　插

在整好的育苗地上，按行距 40 厘米，株距 5～10 厘米进行扦插，使插穗外露 2～3 厘米，踏实后及时灌水，等水渗干后，扦插行内盖一层草或 2 厘米厚的疏松土，以防止土壤干燥、开裂。天旱时要灌水，保持土壤湿润。

## 4. 扦插时间

在早春土壤解冻后进行。

# （三）苗木出圃

苗木出圃是花椒育苗的关键，也是育苗的最后一道工序，主要包括：起苗、分级、假植、蘸根、包装等环节。这些工作的好坏直接影响苗木的质量及苗木栽植后的成活和生长。

## 1. 起　苗

起苗时间最好和花椒栽植建园时间相衔接，一般在栽植的当天或前一天起苗。秋季栽植的在落叶前或落叶后起苗；春季栽植的在芽开始萌动时起苗，雨季栽植的随起随栽。

起苗时应顺行进行，以保证苗木根系完整。起苗深度要达到20～25厘米，起苗时要防止苗根干燥，做到边起、边拣、边假植。若土壤较干，应在起苗前5～7天时灌足水，以利于起苗和减轻根系损伤。

## 2. 分 级

起苗后，应立即在背风的地方进行分级，分级标准为：一级苗，地径0.8厘米以上，苗高70厘米以上，根系长20厘米以上；二级苗，地径0.5～0.8厘米，苗高40～70厘米，根系长20厘米。分级后按50株或100株打捆。

## 3. 假 植

为防止根系干枯或遭受其他损害，当苗木分级后，如果不能立即栽植，则需要进行假植，即将苗木根系用湿润土壤进行临时性的埋植。

假植应选择排水良好、土壤湿润、背风的地方，挖一条与主风方向相垂直的沟。沟的规格因苗木大小而定，假植沟一般深宽各30～40厘米，迎风面的沟壁作45°的倾斜。将苗木放斜壁上成捆排列，然后培上湿润土壤。

## 4. 蘸 浆

花椒属浅根系，根系脆弱，如受风吹日晒，很容易失去水分，影响成活率。因此，需要运输时根系要蘸浆。常用的方法有蘸泥浆，即在水中放入黄土，搅成糊状，将成捆苗木放入泥浆内蘸根，以根系全部蘸到为宜。也可采用抗旱保水剂蘸根。

## 5. 包 装

在苗木运输时，为防止苗根干燥和碰伤苗木，要对苗木进行包装。常用的包装物主要有塑料薄膜、尼纶编织袋、草袋等。

# 六、栽培方式与栽植密度

花椒植株较小，根系分布浅，适应性强，可在荒山、荒地、路旁、地边、房前屋后等空闲土地上栽植。在不同类型的土地上可采用不同的栽培方式，常见的栽培方式如下。

## （一）果园式栽培

果园式栽培是利用川台平地、荒山坡地和田间难以利用的空地进行成片栽种花椒的方式。其植株栽植集中，管理方便，产量高，且对地块形状和面积要求不严，是花椒产区广泛采用的栽培方式。果园式栽培的栽植密度，常因土壤条件和气候条件的不同而异。一般来说，土层深厚，质地良好，肥力较高，气候温暖湿润的地方，栽植密度应小些，多采用 4 米×5 米或 3 米×4 米的株行距，即每公顷栽植 495～840株；在土层较薄，质地较差，肥力较低，气候干旱的山地、丘陵地上，栽植密度应相对大些，多用 3 米×4 米或 2 米×4 米的株行距，即每公顷栽植 840～1 245 株。山地水平梯田田面较窄时，田面上栽植 1 行；田面宽度大于 4 米时，可栽植 2 行，株距为 2～4 米。椒粮间作园株距为 2～4 米，行距可适当宽些，多为 7~10 米。

## （二）地埂式栽培

地埂式栽培是利用农田边缘地埂或较大地埂的埂坡进行单行栽植的方式。地埂式栽培可起到充分利用土地，固持地埂，抑制杂草，增加收入的作用，是山区、丘陵地区常见的花椒栽培方式。其栽植密度为 1 埂 1 行，株距 2~3 米。

## （三）庭院式栽培

庭院式栽培是利用房前屋后的空地见缝插针地栽种花椒的方式。房前屋后的水肥条件好，管理方便，自古以来就是栽种花椒的地点，形成传统的庭院式花椒栽培方式。其栽植密度，根据空间大小灵活掌握，无严格的株行距要求。

# 七、椒园建植

## （一）园地选择

我国花椒主产区多属温带和寒温带，花椒又多分布于丘陵和山地。由于丘陵山地的地形复杂，气候和土壤大都随海拔和地形的不同而有很大的变化，因此，在园地选择时要考虑海拔高度和不同地形的小气候，以及坡向、坡位、坡度对花椒生长和结果的影响。一般情况下丘陵山地上应选择 20°

以下的缓坡地段建园；川区平地上应选择地势略高，通风透光的地段建园，应避开容易集积冷空气的低凹地、槽形地和山口，以免花、幼果和枝干遭受冻害。总之，椒园应建在地势较高、通风向阳、土层较厚的平缓地段。

# （二）园地规划设计

## 1. 水土保持林的规划设计

花椒园多在坡地上，建园时必须营造水土保持林，以防止水土冲刷，保护梯田安全，减少水土流失，涵养水源，以利于椒树的生长发育。

水土保持林应设置在椒园的边缘地带，主要设在椒园上方。树种组成上应乔木和灌木相结合，且相间配置，密度要大。一般乔木树种的行距3.0~3.5米，株距 1~2米，灌木树种的株行距均为 1 米左右。

水土保持林树种应选择适应性强，根系发达，固土能力强，与花椒无共同病虫害的山杏、山桃、刺槐、沙棘、柠条杜梨等树种。

## 2. 灌水与排水系统设计

山地椒园的灌水多采用雨水集流、蓄水自流灌溉或蓄水提灌，前者蓄水池位置要高于椒园，后者蓄水池或小水库位置应低于椒园。

灌水系统包括蓄水池或小水库、引水渠、灌水沟三部分。蓄水池应根据集水区面积大小和灌水便利等条件，因地制宜地在椒园上部、斜上方、两侧或下部修筑。引水渠是连通蓄水池和椒园的渠道，多设在椒园一侧，并与等高线斜交或垂直，比降较大时，应采用管道或用水泥和石头浆砌，并间隔修筑跌水缓冲池，以防冲坏渠道。灌水沟是沿等高线设置在梯田内侧，并与引水渠相通的灌水沟渠。有条件的地方可将灌水系统设计为滴灌装置或喷灌装置，以利于节约用水和提高水分利用效率。

排水系统是由排洪沟和排水渠组成。排洪沟应设计在椒园的上方边缘和灌溉引水渠的对侧的边缘，沟深70～80厘米，沟宽80～100厘米，引排椒园上方集流的雨水和园地中多余的雨水。排水渠设计在椒园实际操作中，往往不单独修筑，而是利用灌水沟将其末端与排洪沟连通，即可排出梯田中过多的雨水。排水系统最好与蓄水池相通，可将排泄出的过多雨水蓄贮起来，用于灌溉。

## 3.道路设计与地块划分

山地椒园的道路可根据椒园面积大小和坡度陡缓而定。一般来说，园地面积在20公顷以上，坡度平缓，可设置环山而上，宽度为4～5米的道路；面积在6.67～20公顷，坡度较平缓，可设置环山而上，宽度3米的道路；面积在6.67公顷一下，坡度较陡，可设置"之"字形攀坡而上，宽度1.5米的便道；支路与人行小道利用梯田地埂即可。

椒园面积较大时，可划分为若干个0.67～2公顷的栽植小区，小区形状为长方形，长边与等高线平行，以便分区管理，各小区可栽植不同的品种。

## （三） 园地平整

山地和丘陵地园地,栽种前应沿等高线修筑成水平梯田,以便蓄水保墒和田间管理。水平梯田的田面宽度,应根据坡度而定。一般坡度在25°以上的,田面宽度为2米;坡度在15°～20°之间的,田面宽度应为3～4米;坡度在6°～14°之间的,田面宽度应为5～6米;坡度在5°以下的,田面宽度应为10米。水平梯田田面应外侧略高于内侧,以利于蓄水

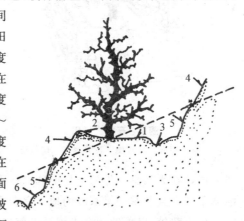

**图1 土壁式梯田**
1. 梯田田面  2. 边埂  3. 排水沟
4. 垒壁  5. 削壁  6. 护坡

保墒和防止雨水冲刷坡壁,梯田外沿培宽40厘米左右,高约30厘米的土埂。外埂坡根据材料不同可垒成石壁和土壁两种(图1,图2)。石壁要垒筑陡些,甚至可垒成直壁式;土壁应修成缓坡式。梯田内侧挖底宽30厘米左右,深为35厘米的排水沟,在靠出水口处,用石块或混凝土浆砌成跌水式出水口,以防冲毁埂坡。

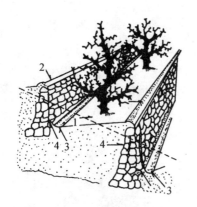

**图 2　石壁式梯田**

1. 梯田田面　2. 边埂　3. 排水沟　4. 梯壁

# （四）栽　植

## 1. 栽植时期

我国北方地区常在秋季、春季和雨季三个时期栽植。但应根据不同地区和不同的栽培条件，因地制宜地选择栽植时期。一般来说，在无灌溉条件的干旱山区宜秋季或雨季栽植；在有灌溉条件，且冬季干旱寒冷的地方宜春季栽植。

秋季栽植，以落叶后至土壤结冻前越早越好。因为，此时土壤墒情好，空气湿度大，蒸发量小，有利于根系伤口的愈合，第二年春天萌芽早，成活率高，生长健壮。但是，在冬季较干旱寒冷的地方必须培土防寒，保护越冬。秋栽后，有的地方将茎干压倒地面埋土防寒，也有的地方将茎干离地面 10 厘米处平茬，然后培 20 厘米高的小土堆埋住茬桩防寒。平茬埋桩防寒法与压倒茎干培土防寒法相比，具有树干直立，生长快和埋土操作简便等优点。

春季栽植时间在土壤解冻后至苗木萌芽前，宜早不宜迟，以便根系早日恢复。但是，根据甘肃秦安县的生产实践，春季在苗木芽体开始膨大时，随起苗随栽植，成活率可达 90% 以上，但必须具备就地育苗、就地栽植和劳力充足，能在短时间内完成栽植任务的条件。

雨季栽植,是选择阴雨天气带叶栽植。在太行山区、山西和甘肃的一些产区,椒农常在雨季栽种花椒。雨季栽植的关键要掌握两点:首要条件是掌握天气的变化,即栽后要有不少于3天的阴雨天气;其次,要提前整好地,苗龄要小(1～1.5年生),就地育苗就地栽植,起苗后根系带土球,栽后栽植穴内要立即浇水。

栽植季节对栽植成活率有较大影响。据秦安县林业局试验调查,大红袍花椒在春季、雨季和秋季栽植的成活率分别为48.1%、73.3%和89.3%。由此可以看出,在无灌溉条件的半干旱地区,花椒栽植时期以秋季最好,其次是雨季,春季栽植较差。因此,因地制宜地选择栽植时期是花椒建园的关键环节。

## 2. 苗木准备

苗木应于栽植前尽早准备。调运苗木,要选择与栽植区气候条件相近地区的苗木,并到圃地看苗订货,确定苗木品种、数量和起苗时间。起苗要及时,最好在栽前起苗,不能秋季起苗春季栽植,以免苗木假植时间过长,影响栽植成活率。若就地自育苗木,则应提前一年半着手采种育苗。苗木准备中要严把苗木质量关。苗木质量关系到栽后的成活、生长快慢和结果早晚,也影响栽培的经济效益。苗木质量主要指品种纯正,根系完整,茎干粗壮,无病虫害等,具体地讲,就是不能混有其他杂苗,根系无劈裂,有5条以上的侧根,须根较多,苗高60厘米以上,根颈粗0.5厘米以上,芽体饱满,茎干和根系不带病虫。

为保持苗木的活性,在运输过程中,应特别注意以下几点:①起苗后,应立即分级,定量打捆,根系蘸浆,假植,等待装车;②装车前,将根系用塑料薄膜或湿草袋包起来,装车后用篷布包盖苗木;③苗木运输到栽植地后,不能立即栽植时,应在阴凉处用湿沙或湿土假植。

### 3. 栽前苗木处理

苗木处理是指在栽植前,对苗木进行分拣,去除杂苗、弱苗以及有病虫的苗木,并对折断和劈裂的根系于断裂处进行剪截修理,然后用生根剂溶液浸根或生根剂泥浆蘸根等工作。这样做有利于产生新根,促进成活。常用的生根剂有丁酸、萘乙酸钠、ABT 生根粉、吲哚乙酸、2,4-D 等。其中丁酸、萘乙酸钠和 ABT 生根粉的使用效果较好。

### 4. 品种选择与配置

花椒属自花结实树种,一般不强调配置授粉品种,但面积较大的椒园,应考虑不同成熟期品种的搭配,避免品种单一,成熟时间集中,难以适时采收,影响果实品质。各品种成熟的先后顺序为小红椒、白沙椒、大红袍、秦安 1 号、大红椒、豆椒,前后两个品种成熟期间隔10天左右。

花椒的适应性很强,但不同的品种对环境的适应程度有很大的差异。一般大红袍喜肥耐旱,小红椒、白沙椒耐干旱耐瘠薄,大红椒、豆椒喜肥耐水。

建园时,品种选择主要考虑其适应性,而品种配置则考虑其成熟期。

### 5. 栽植方法

栽植前,按计划栽植密度的株行距确定栽植点,按点挖坑。一般栽植坑深度为 60～70 厘米,直径 50～60 厘米,若土质粘重或下层为不过水层时,栽植坑应加深加大,并掺沙改良土壤结构,或深挖坑底,打破不透水层,为根系生长创造良好的条件。

挖坑时,表层30厘米土壤与深层土壤分开堆放,并分别与腐熟的农家肥混合,表层土壤中有机肥不宜太多,以免烧根。

栽植时,首先将混合有农家肥的深层土壤回填到坑的底部,回填深度依苗木根系大小而定,苗木根系长,回填后坑可深些,相反,回填后坑可浅些;其次,回填后踩踏紧实后将苗木放入坑中,使其根系舒展,将表层土打碎,覆在根部,并轻轻提抖苗木,使土壤与根系紧密接触。栽植深度以苗木根颈略高于地面为宜,并使同一行苗木保持在同一条直线上。栽好后做树盘,树盘内灌足水,待水渗后土壤不呈泥浆状态时,用土封好树盘,防止树盘裂缝,减少水分蒸发。

无灌溉条件的干旱半干旱地区在秋季栽植时,采用苗木根系蘸浆,栽后平茬、培土防寒等措施,栽植成活率可达90%以上;春季栽植时,可于头年秋季挖坑、施肥、回填,翌年春季栽植时,在原坑位上挖一比苗木根系略大的小坑,倒入约5千克左右的水,放入苗木,缓缓填土,并轻轻晃动苗木,使根系与泥浆紧密接触,然后覆土至苗木原土印,栽植成活率可达85%以上。

在干旱半干旱地区,为保证花椒栽植成活,要抓好以下环节:①边挖坑边栽植,减少土壤水分散失;②挖坑时,表层土壤与深层土壤分开堆放;③覆土时,深层土壤混合较多的农家肥料回填在坑的底部,表层土壤混合少量腐熟的农家肥料(也可不混合肥料)回填在苗木根部,使根系处在充分熟化、肥沃的表层土壤中,以利于根系的恢复和生长,但应注意防止因混合肥料过多而烧根;④土壤墒情较差时,栽植坑内放少量水,有利于栽植成活。

# 八、栽后管理

## (一)定　干

栽植后,当苗木茎干高度达 60 厘米以上时,应及时定干。定干高度 50～60 厘米,剪口下留饱满芽,剪口距剪口下芽 0.5 厘米,剪口呈平斜面。若栽植苗木高度在 60 厘米以下,则暂不定干,待茎干高度长到 60 厘米时摘心定干,同时剪去距地面 30～40 厘米范围内茎干上的侧枝。

## (二)灌水与追肥

栽后要及时灌水或树盘覆盖薄膜保墒,以满足栽植成活和生长对土壤水分的要求。成活后,在 5 月份和 6 月份各灌水 1 次。若为山地,可修树盘聚集雨水灌溉。灌水量以灌透但不积水为宜。灌水后及时松土除草,以利根系生长。

栽植成活后的幼树追肥不宜太早,应在 6 月中旬结合灌水或降雨追施少量氮肥,或进行叶面追肥,防止追肥过早过多引起焦梢甚至死亡。9 月上旬开始叶面喷施 0.5% 磷酸二氢钾,每隔 15 天喷 1 次,连续喷 3 次,促进枝条组织成熟老化,提高抗寒能力。同时,树盘内要及时松土除草,树行间在水肥条件允许的情况下,可适当进行间作。间作时应选择豆类、薯类、花生、瓜类和小麦等水肥需求量少、茎杆矮的作物,间作带宽度以保留花椒栽植行带宽1米为宜,以后随花椒树冠的扩大,间作带宽度逐年缩小。合理间作不但能增加收入,还可减少清除杂草的劳力投入,并且有利于天敌昆虫的生存。

## (三)病虫害防治

对花椒为害较重的有蚜虫、凤蝶、红蜘蛛等。一般虫害从5月上旬开始发生,应及时喷洒50%灭蚜净乳剂4 000倍液,或40%乐果乳剂1 500倍液,或50%马拉松乳剂1 000倍液,或三氯杀螨醇1 200倍液,每隔10天左右喷1次,连续喷3次,可起到很好的防治效果。药剂应交替喷布,不能连续使用一种药剂,以防止害虫产生抗药性,降低防治效果。7月份以后注意观察,如发现病虫应及时喷药防治。

## (四)防寒保护

当年栽植的幼树,因萌芽迟、生长慢,枝条内积累的营养物质少,越冬性差,冬季易发生枝条失水干枯。因此,北方冬季寒冷地区,在落叶后要进行防寒保护。对1~2年生幼树,能整株培土的即整株培土防寒,不能整株培土的可在茎干基部培一土堆,上部用草把捆绑裹缠,外面再用塑料布包扎。待来年春季萌芽前逐步分次解除包缠物,扒平培土,能有效地防止冻害和抽条。

# 九、早实丰产优质管理技术要点

## （一）花椒早实管理技术

花椒栽后 2～3 年即可结果。但是，由于北方寒冷地区冬季易造成幼树枝条受冻、抽条；温暖湿润地区往往管理不善，病虫防治不及时，影响幼树的正常生长和花芽分化，推迟结实。为提早结实，生产上可采取如下管理技术：

### 1. 树体包裹防寒，防止枝条受冻抽条

2～3 年生花椒幼树枝条抗寒能力较弱，落叶后在树干基部培 40～50 厘米高的土堆，上部用草把捆绑裹缠，外面用塑料布包扎，可减轻低温、干旱的危害，防止幼树受冻、抽条，保证树体正常越冬和生长发育。

### 2. 合理修剪，促进花芽形成

冬剪时，除对主干、主枝、侧枝的延长枝进行中短截外，对其余枝条应轻剪长放，并开张其分枝角度约 50°。

萌芽后，要注意骨干枝和枝组枝轴延长枝新梢保持旺盛长势和合理的伸展方位与角度，当其新梢长度达 50 厘米左右时，要进行摘心，促其分生枝条，以有利于树冠的加速形成和枝组的选留。辅养枝在不影响光照的情况下可适当保留，并使其开张角度呈 50°平斜生状态，当新梢长到 35 厘米左右时摘心，以缓和其生长势，促进花芽分化。结果枝组培养应遵循"树

冠下层以大、中型枝组为主,树冠上层以小型枝组为主,树冠内膛以中型枝组为主,外围以小型枝组为主"的原则,根据空间大小配置和培养结果枝组。9月中下旬对全树仍不能停止生长的所有新梢进行摘心,停止其生长,促进营养物质积累,提高花芽分化质量和幼树越冬能力。

### 3. 合理灌水追肥,促进花芽形成

土壤水分对花椒生长和花芽分化有很大影响。在一般情况下,6月份以前多灌水,可促进枝叶生长,形成较多的叶片,有利于营养物质的生产;7月份以后少灌水或不灌水,保持土壤水分以树叶不萎蔫,秋梢不旺长为宜,有利于营养物质的积累,促进花芽分化。具体灌水因灌水条件不同而异。有灌水条件的地方,应在萌芽前和5月中旬各灌1次水,以后视降雨情况少灌水或不灌水,落叶后灌冬水;无灌溉条件的地方,应采用秸秆覆盖树盘保墒,雨季引集流灌。无论怎样灌水,都不能造成园地或树盘积水,以免因积水而引起椒树死亡。

幼树追肥,应以有利于促进树体前期生长,后期花芽分化为原则。一般应在萌芽前和5月份结合灌水进行土壤追肥,每株每次追施尿素约100克;6~7月份实行叶面喷肥2~3次,喷施的肥料为0.5%的尿素液,或1500倍的稀土微肥液等;9~10月份叶面喷布磷酸二氢钾,每隔10~15天喷1次,连续喷3次,喷布浓度为0.3%。

合理的灌水施肥,能使花椒幼树前期新梢生长快,叶片形成早、面积大,光合功能期长且旺盛,为树体的生长和花芽形成提供更多的营养物质;后期秋梢生长量小,减少了营养物质的消耗,有利于营养物质的积累和花芽的形成。

## 4. 及时防治病虫害

花椒在幼树期病害较少,但常受蚜虫、红蜘蛛、凤蝶、刺蛾、金龟子等害虫的危害,发生叶片被食、脱落和枯梢等现象,引起树势衰弱或树体生长不良。因此,要根据害虫发生规律,及时防治。通常情况下,在萌芽前对树体喷 5 波美度石硫合剂或索利巴尔 50～80 倍液,杀灭越冬成虫、卵、幼虫及病菌孢子;萌芽后,诱杀金龟子成虫,喷 40％乐果乳剂 1 500 倍液,或 50％马拉松乳剂 1 000 倍液防治蚜虫、红蜘蛛、凤蝶、刺蛾等为害幼叶和嫩梢的害虫,保护树体正常生长发育,有利于营养物质合成和积累与花芽形成。

# (二)丰产优质管理技术

花椒进入盛果期,一般株产干果皮 3～4 千克,但是,由于生产中管理跟不上,或者管理技术单一不配套,往往单株产量仅有 0.5～1.0 千克,要想达到丰产、优质,就必须采用先进的栽培管理技术。

## 1. 施肥管理技术

花椒适应性强,能在土壤较瘠薄的山地上生长结果,但往往生长缓慢,产量低,品质差。在土壤有机质含量为 1％～3％的肥沃土壤中,在集中需肥期追施速效化肥可使花椒生长快,结果早,取得连年优质、高产。因此,通过增施有机肥料或压绿肥,以及追施速效化肥,不断提高土壤肥力,是花椒优质、高产栽培的重要措施。

有机肥料从摘椒后到翌年春季萌芽前均可施入,但以摘椒后立即施入效果最好。所用肥料为腐熟或半腐熟的猪粪、羊粪、牛粪、鸡粪和人粪尿等农家肥料。施肥量根据树龄大小和产量高低确定。一般产干椒皮 0.1～1.0 千克的 4～6 年生初果树,每株每年施农家肥 5～10 千克,过磷酸钙 0.2～0.3 千克;产干椒皮 2.0～4.0 千克的 7 年生以上的盛果期树,每株每年施农家肥 20～40 千克,过磷酸钙 0.5～2.0 千克,施入方法是结合深翻施到树冠投影外围 40 厘米左右深的土层中。

压绿肥是在缺乏农家肥的情况下,增施有机肥料的有效方法。通常是在花椒树的行间或椒园附近的空闲地或荒坡上种植绿肥作物,在摘椒后,割取绿肥作物地上部分,结合深翻压入树冠投影外围 40 厘米左右深的土层中,每株每年压鲜草 40～50 千克,过磷酸钙 0.5～2.0 千克,尿素 0.5～1.0 千克。常用的绿肥作物有紫花苜蓿、沙打旺、毛苕子、草木犀、箭舌豌豆、绿豆、田菁和紫穗槐等。

追肥是解决花椒在生长中大量需肥期与土壤供肥不足之间矛盾的主要手段。花椒土壤追肥的关键时期是萌芽前和开花后。萌芽前追肥对新梢生长、叶片形成有重要的促进作用,又有利于果穗的增大和坐果率的提高。土壤追肥应于萌芽前和开花后结合灌水施入。萌芽前每株追施 0.3～0.5 千克尿素和 0.5～1.0 千克磷酸二胺,或 0.6 千克尿素和 1.5 千克过磷酸钙;开花后每株追施 0.5～1.0 千克的尿素或硝铵。无灌溉条件的山地椒园,土壤追肥时,可将肥料溶解在清水中,用追肥枪或打孔法,在树盘中多点注入。

叶面喷肥。在一年的生长发育中,花椒 3 月底到 4 月上旬开始萌芽,直到 5 月上中旬为新梢生长期,5 月上旬到中旬为开花期,果实从柱头枯萎脱落坐果后,即进入速生期,到 6 月上旬约一个月的时间便长成成熟时的大小,果实生长量达到全年总生长量的90％以上,6月中旬花芽开始分化。从以上可以看出,从3月底到6月中旬这两个月的时间内,经历新梢生长、果实形成和花芽分化三个重要物候期,表现出短时间内对养分需求量大而且集中的特点。生产中,仅靠土壤追肥难以满足生长发育对养分的需求,常常造成落花落果严重,果实发育不良,花芽分化晚而少,既影响当年的产量和质量,也影响翌年的产量,不利于优质、高产和稳产。因此,生长期的叶面喷肥是花椒优质、高产和稳产管理的重要环节。一般在新梢速生期叶面喷0.5％的尿素液,或喷高效复合微肥高美施800倍液1～2次;花期叶面喷0.5％的硼砂加0.5％的磷酸二氢钾水溶液1次;果实速生期喷高美施800倍液1次,0.5％尿素液加0.5％的磷酸二氢钾1次;花芽开始分化到果实采收前,喷高美施800倍液1次,0.3％的磷酸二氢钾1次;果实采收后,喷0.5％的尿素液加0.5％的磷酸二氢钾1次。花椒叶面喷肥要特别注意以下几点:

第一,喷布时间应在上午10时以前或下午4时以后。

第二,喷布浓度要严格按要求配制,边喷边配,不可久放。干旱高温地区喷布浓度要适当小些。

第三,应均匀喷布在叶的背面和表面,喷量以叶尖即将滴水为宜。

第四,如喷后4小时内遇雨,雨后应重喷。

第五,如果要与农药混合喷布,应按产品说明要求进行。

第六,目前,叶面喷施的肥料种类很多,各地区可根据各个生长阶段需肥特点和肥料的性质合理选配。新肥料在大面积喷施前,应先做试验,对叶片、果实及树体确无危害时方可使用。

## 2. 覆盖保墒与灌水技术

花椒多在山地上栽植,土壤水分是影响其生长发育的主要因素。土壤水分来源于降雨,但降水量往往偏少,影响花椒的优质、高产。因此,除栽前修筑水平梯田和反坡梯田保持水土外,实行树盘覆盖是减少土壤水分散失,蓄水保墒的有效措施。一般在树盘下或树行内覆盖秸秆、杂草等覆盖物,覆盖范围主要在树冠投影内,也可适当向外扩展,覆盖厚度为20～30厘米。覆盖时应注意的事项如下:

第一,覆盖后应稍加拍打,使覆盖物紧实,并间隔压土,以防被风刮起。

第二,覆盖物不能带有病菌和虫卵,以及杂草种子,以免椒园受到病虫和杂草的危害。

第三,覆盖前在树干基部培土堆,以防树下积水引起椒树死亡。

第四,严禁火种,以防引起火灾。

第五,覆盖3～4年后,覆盖物腐烂,应尽快将它翻入土壤,重新覆盖。

有灌水条件的椒园,灌水时要特别注意灌水时期和灌水量。花椒一年中灌水的关键时期是萌芽前、坐果后和落叶后3个时期。秋季少雨、干旱地区也可于摘椒后加灌1次水,以利于营养物质的积累和花芽的分化。半干旱地区至少应保证萌芽前和坐果后这两次灌水,才能实现优质、高产和稳产。每次灌水量以渗透浸润60厘米土层为宜。为防止根部积水,常在树干基部周围培直径40～50厘米、高度30厘米的土堆。这样既可通过灌水使椒树得到生长发育所需的足够水分,又不致因根部积水而引起死亡。

### 3. 树体修剪管理技术

良好的树形结构是优质、高产和稳产的基础。进入结果期的花椒树冠应保持层次清楚，通风透光，枝组分布均匀合理、维持树势和枝组长势健壮。每年对主枝和侧枝的枝头进行短截或回缩，保持枝头50°的角度；枝组间要交替更新，在枝组内轻剪发育枝，缓放中庸结果枝，短截衰弱枝，疏除过旺和细弱的发育枝；树冠内骨干枝上无发展空间的背上直立枝要疏除，有发展空间的重短截降低枝位，培养成背上小枝组；疏除细弱的枝条和过密的枝条，保留下来的枝条，要缓放中庸的，软化强旺的，短截复壮衰老的，使树冠内枝组健壮，长势均衡，通风透光。具体修剪方法，详见本书"十、整形修剪"部分。

### 4. 疏花疏果管理技术

进入盛果期中后期的花椒树，绝大多数新梢顶端将着生花序，开花结果，如不进行疏花疏果调整，不但新梢生长量小，树势将渐弱，而且还会造成严重落花落果，果实颗粒小，产量也不稳。花序刚分离时为疏花疏果最佳时机，疏花疏果应整序摘除。疏花疏果量应根据结果枝新梢长度而定，一般5厘米以上的结果枝占50%以上，应间隔摘去1/5～1/4的花序；若5厘米以上的结果枝为50%以下，则应摘去1/4～1/3的花序，以保证植株有良好的营养生长，为果实的生长和花芽的形成提供足够的营养，才能获得优质、高产和稳产。

花椒疏花疏果的管理作业应在全树绝大部分的花序分离后(5月上旬)进行。操作时既要根据树体的长势考虑疏除量，又要考虑树冠内各主枝、侧枝和枝组间的长势平衡关系，确定不同长势枝上的疏除量。通常，对强旺的主枝、侧枝和枝组不疏或少疏花序,让其多结果,缓和长势;弱的主枝、侧枝和枝组上应多疏花序,让其少结果,复壮长势。同一主枝或侧枝上,前部后部长势差异较大时,其疏除量应有所不同。一般情况下,若为前强后弱,则前部不疏或少疏花序,后部多疏花序,让前部多结果以缓和长势,后部少结果以复壮长势;若为前弱后强,则采取与前强后弱相反的方法疏除花序。这样既可达到疏花疏果的目的,又能起到平衡枝势、树势的作用。

## 5. 病虫害防治

进入结果期的椒园,树冠高度增加,冠幅增大,病虫害防治难度也随之增大。生产上,病虫害防治应坚持"以防为主,综合防治"的原则。防治中应以栽培技术和植物检疫为基础,以生物防治和物理诱杀为主,结合化学防治,尽早防治病虫危害。

在一年中,病虫害防治应按椒树休眠期和生长期两个阶段,采取不同的对策和措施。休眠期以相应的栽培技术和化学药剂防治相结合,清除、杀灭害虫、病菌的越冬成虫、卵及蛹及病菌孢子,减少病虫源。休眠期的防治措施有三条:一是落叶后结合冬季修剪,刮去树干、大枝上的老翘皮,清除树体上和园地上的残叶、断枝及老翘皮,并集中烧毁;二是在刮除干、枝老翘皮的基础上,向树体喷布 50~80 倍液的索利巴尔或 5 波美度的石硫合剂溶液;三是在芽体膨大时,向树体再次均匀喷布 50~80 倍液的索利巴尔或 5 波美度的石硫合剂溶液,杀灭越冬后的成虫、卵以及病菌孢子,能起到"杀一抵百"的防治效果。

生长期病虫防治,应以栽培技术、生物防治、物理诱杀为主,结合化学农药防治,将病虫害控制在不致造成经济损失的限度,并减轻化学农药对产品和环境的污染。其防治措施有五条:一是春季萌芽后,在园地安装黑光灯诱杀金龟子等趋光性害虫的越冬成虫,一般每 3.3 公顷椒园安装 1 支 20 瓦的灯管,同时在黑光灯半径 10 米以内地面喷 20% 杀螟松粉剂 500克,杀死落地成虫;二是加强椒园土、肥、水管理,以及树体合理结果管理,保持健壮树势,增强树体自身抗病能力;三是在椒园释放或引诱天敌昆虫,抑制害虫的大量发生;四是在生长季及时摘心、疏枝、剪梢,保持树冠及园地通风透光,消除病菌繁殖、蔓延的环境条件,防止病害发生;五是当病虫发生到有危害的趋势时,应及时喷布农药防治。

## 6. 果实采收与制干技术

花椒果实进入成熟期后,色泽由绿白色变为红色或鲜红色。当果实完全变为鲜红色,且呈现油光光泽时,表明果实已充分成熟。如果椒果变红,但不具鲜红的油光光泽,表明果实尚未完全成熟;若部分果实开裂,红色变暗,失去光泽时,表明果实过熟。花椒果实尚未完全成熟时采收,果实红色色泽差,麻香味淡;果实过熟时采收,果实红色色泽变暗,麻香味变淡,且发生落果;当果实呈现鲜红的油光光泽时,是采收的最佳时期,此时采收的果实色泽艳丽,麻香味浓。

果实采收应选晴天的上午进行。采收时从果穗总柄处整穗采下,轻放在采果篮中,但不宜装得太多,厚度不要超过 30厘米,以防压破果皮上的油泡(腺点),影响果实的色泽和品质。采收时,在椒园空地上铺布单、竹席等晾晒。从采收到晾晒的全过程中,要注意不要挤破果面油泡。

花椒果实的干制,主要采用阳光曝晒和暖炕烘干两种方法。阳光曝晒的方法既简便又经济,且干制的果皮色泽艳丽。

具体做法是：选晴朗天气采收，在园地空地上铺晾晒单，边采收边晾晒，晾晒摊放的厚度3厘米左右，在强烈阳光下，经2～3小时即可使全部椒果开裂，再用细竹竿轻轻敲打果实，使种子、果梗与果皮分离，用筛子将种子和果皮分开，在阴凉通风处晾10小时左右，使种子和果皮充分干燥后包装贮藏。采收后，若遇到短时间(24小时以内)阴雨天气不能晒干时，可暂时在室内的土地地面上晾放。在室内晾放前，先将地面清扫干净，并用喷雾器将地面喷潮，使地面浮土紧贴地表，以防污染果面。然后，将采收的椒果摊放在地面上，厚度3～4厘米，不要翻动，待天晴日出后，轻移到室外阳光下晒干。暖炕烘干的方法主要在采果后遇到连续阴雨天气时采用。其做法是：将采收的鲜椒果摊放在铺有竹席的暖炕上，保持炕面温度50℃左右，烘至椒果开裂为止。在烘干过程中，不要翻动椒果，待椒果自动开裂后，方可进行敲打、翻动，分离种子，去除果梗。暖炕烘干的椒果，色泽暗红色，不如阳光晒干的果皮色泽艳丽。

# 十、整形修剪

栽培花椒为小乔木，多栽种在山地和丘陵地上，水肥条件较差，树体不高，分枝能力较弱，枝条较短。因此，整形修剪中应坚持"小冠型、多主枝及主枝冬剪短截，夏季摘心，促进分枝"的整形修剪原则，以利于树冠早日形成和栽培管理。

花椒因立地条件不同，可采用不同的树形。生产中常用的树形有自然开心形、自然杯状形、疏层小冠形和水平枝扇形。

# （一）常用树形及其整形要点

## 1. 自然开心形

（1）**树形结构特点** 无中心主干,树干高度 30～40 厘米,主干上均匀着生 3 个主枝,其水平夹角约为 120°,分枝角为 45°～50°,每个主枝上着生 2～3 个侧枝,侧枝和主枝上着生结果枝组和结果枝。侧枝和枝组均着生在主枝的两侧,呈平斜生状态,形成主枝向四周伸展的开心形树形(图 3)。这种树形干矮,中空,主枝少,通风透光,适宜丘陵山地和水肥条件差的地方采用。

**图 3 自然开心形树形投影示意**

（2）**整形要点**

①定植当年整形:定植后距地面 40～60 厘米处定干,剪口下 10～15 厘米范围内要有 5～6 个饱满芽。从萌芽后到 6 月上中旬,从主干上萌发的新梢中选出 3 个距离适宜,方位角呈 120°,长度在 30 厘米以上的枝作为主枝培养,保持其分枝角度为 45°左右,剪除主枝上部和主干 30 厘米以下的枝条,疏除着生在主枝间和主枝下部,与主枝重叠、交叉的枝条,对不影响主枝生长的枝条可保留,并摘心控制生长,将其培养成辅养枝。

②定植后第二年的整形:萌芽前,对选定的主枝留 35～

45厘米短截,当主枝强弱不均时,强枝剪留短些,剪口下留较弱的芽;弱枝剪留长些,剪口下留壮芽;剪口芽均留外芽,第二、第三芽留两侧。萌芽后,新梢单条延伸能力很强,年生长量在1米以上,最长可达2米,而分枝能力很弱,只能形成少量短枝,不利于整形。因此,应早期摘心,促进分枝,加速整形。通常,剪口芽萌发的主枝延长枝除保持主枝的伸展方位和分枝角度外,当长度达40厘米时摘心,促其分枝;将剪口下第二或第三芽萌发的新梢选作第一侧枝,并保持平斜生或斜上侧生状,分枝角度为50°左右。各主枝上的第一侧枝应选在同一侧。主枝上萌发的其余新梢,根据存在空间和着生的位置决定去留,有存在空间,且着生在主枝两侧或背下的新梢,长度达30厘米时摘心,培养结果枝组,或缓和其长势,把它转化为结果枝;无存在空间的新梢或背上直立枝应疏除。

③定植后第三年的整形:萌芽前,在各主枝延长枝距第一侧枝40厘米处短截,剪口留外芽,剪口下第二或第三芽留在第一侧枝的另一侧;对第一侧枝延长枝在30～40厘米处短截,剪口留外芽。萌芽后,待主枝延长枝新梢长到40厘米处摘心,将主枝延长枝上的第二或第三芽萌发的新梢作为第二侧枝培养,使其处在第一侧枝的对侧,待长到30～40厘米处摘心;主、侧枝上萌发的新梢,有较大空间且符合枝组位置要求的,待长度达30厘米时摘心,促其分枝,对存在空间不大的新梢要控制其长势,作为辅养枝,无保留空间的要疏除。

以后逐年依次类推,使主枝延伸到树冠设计大小,主、侧枝上交错,插空培养结果枝组,即形成自然开心形树形。

## 2. 自然杯状形树形

(1)树形结构特点 无中心主干,树干高度30～50厘米,在树干上部均匀着生方位角为120°的3个一级主枝,每个一级主枝长50厘米左右,前端着生2个长势相近的二级主枝,在二级主枝上着生1～2个侧枝,各主、侧枝上配备交错排列的大、中、小型枝组,构成骨架牢固的开心形树形(图4)。这种树形通风透光良好,主枝尖削度大,骨干枝牢固,负载量大,寿命长,适用于气候条件和水肥条件较好的地区。

**图4 自然杯状形树形投影示意**

(2)整形要点

①定植当年的整形:定植后,在距地面50～60厘米处剪截,剪口下20厘米范围内有4～5个饱满芽。饱满芽萌芽后,在树干上部选3个方位角为120°,长势均匀的枝条作为一级主枝培养,使其分枝角保持45°～50°,当长度达50厘米时摘心,促其分枝;对其余枝条在不影响一级主枝生长的前提下,保留并控制其生长,作为辅养枝,但对距地面30厘米范围的枝条,应全部清除。

②定植后第二年的整形:萌芽前,在每个一级主枝距树干50厘米左右处选两个相邻且长势相近的枝条,作为二级主枝培养,剪去二级主枝前部的一级主枝枝梢。每个二级主枝剪留长度40～50厘米,剪口留外芽,分枝角度50°左右,方位角与其着生的一级主枝延长线形成的夹角为40°左右。萌芽后,将二级主枝剪口下芽萌发的新梢作为延长枝培养,待长度达40厘米左右时摘心,促生分枝;第一侧枝选在二级主枝距一级主枝35厘米左右处,各个二级主枝上的第一侧枝应在同一侧;

对各个一级主枝和二级主枝上的其他枝条,根据枝组配置的原则,或选作枝组培养,或留作辅养枝,或疏除。

以后逐年依次类推,使树冠达设计大小,每个二级主枝上培养 1～2 个对生,间距为 50 厘米左右的侧枝,各级骨干枝上配备交错排列的大、中、小型枝组,即构成自然杯状形树形。

### 3. 疏层小冠形树形

(1)树形结构特点　有中心干,树干高度 50 厘米,主枝 7～8 个,分二层着生在中心干上,第一层 3～4 个,第二层 3 个,每个主枝上有 2～3 个侧枝,树高 3 米,冠幅 3～4 米(图 5)。这种树形树干较高,有中心主干,主枝较多,分层着生,通风透光,树势健壮,产量高,寿命长,适宜水肥条件好,光照充足的地方采用。

(2)整形要点

①定植当年的整形:定植后,在距地面 60～70 厘米处剪截定干,剪口下有 6～7 个饱满芽。萌芽后,将剪口芽萌发的新梢扶正,使其旺盛生长,培养为中心主干;在剪口下 20～30 厘米范围内选择 3～4 个向四周伸展,长势均匀的新梢作为第一层主枝培养,各主枝伸展的方位角为 120°或 90°,间距 5～15 厘米,

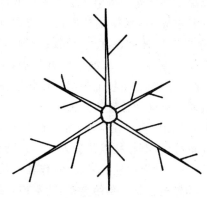

图 5　疏层小冠形树形骨架结构投影示意

与中心干的夹角为50°～60°,其余枝条拉成70°～80°斜生,控制其长势,作为辅养枝。全部清除离地面40厘米范围的分枝。

②定植后第二年的整形:萌芽前,中心干延长枝留70～80厘米短截,剪口下留壮芽。选定的第一层各主枝留40～50厘米剪截,为平衡长势,强枝应短留,剪口留较弱芽;弱枝应长留,剪口留壮芽。并将各主枝间的方位角调整成基本相同;辅养枝不剪截。萌芽后,中心干顶端不再保留延长枝,如确实为加大第二层主枝的分枝角度而需要保留,则应控制其长势不能过旺。在中心干剪口下20～30厘米范围内萌发的新梢中选3个长势均匀,方位角为120°,插空在第一层三主枝之间的枝条作为第二层的主枝培养,当长度达40厘米时摘心,并拉成斜生45°左右,其余枝条拉成斜生70°左右,作为辅养枝;将中心干上第二层最下面的主枝到第一层最上面的主枝之间萌发的枝芽全部清除。将第一层各主枝剪口芽萌发的新梢作为主枝延长枝培养,保持主枝原延伸方向和分枝角度,待长度达40厘米左右时摘心,促生分枝;将剪口下第三或第四芽萌发的新梢作为主枝上的第一侧枝培养,当长度达35厘米时摘心,促生分枝;各主枝上的第一侧枝应在同一侧。其余新梢根据其着生空间和位置决定去留,有空间、着生在主枝两侧和背下的应保留,无存在空间、着生在背上呈直立状态的应疏除。在保留枝中,符合枝组位置条件的,长到35厘米左右时摘心,促其分枝,其余的控制其长势,作辅养枝。

③定植后第三年的整形:萌芽前,对中心干顶端临时性枝组进行修剪,枝组中长势旺的枝要疏除,中庸枝应保留并缓放,使其成花。第一层各主枝延长枝留50厘米左右剪截,第二层各主枝延长枝留40厘米左右剪截,各个主枝保持原伸展方位和分枝角。萌芽后,将第一层各主枝剪口芽萌发的新梢作为

主枝延长枝培养,长度达 45 厘米左右时摘心,促进分枝;将剪口下第三或第四芽萌发的,着生在第一侧枝的另一侧的新梢作为第二侧枝培养,待长度达 35 厘米时摘心,以促进分枝。将第二层各主枝剪口芽萌发的新梢作为其延长枝培养,待长度达 40 厘米时摘心,以促进分枝;将剪口下第三或第四芽萌发的,着生在与第一层主枝上第一侧枝相对的一侧的新梢作为本层的第一侧枝培养,长度达 35 厘米时摘心,促其发生分枝。各主枝、侧枝上萌发的其余枝条,符合枝组条件的,待长度达 35 厘米时摘心,培养结果枝组;能作辅养枝的,控制其长势;无保留空间的应及时疏除。

以后逐年依次类推,使各主枝延伸至所设计的树冠冠幅大小,顶部呈开心状;上层主枝长度为下层主枝长度的 1/2～2/3,分枝角度略小于下层主枝,其上配置的枝组以小型为主,且比下层稀疏,形成两层结构,上层小下层大,上层稀疏下层稠密的疏层小冠形树形。

## 4. 水平枝扇形树形

(1)树形结构特点 树干高 30 厘米,有中心主干,在高 2米的中心干上,分布着向两侧水平伸展的小主枝 10～15 个,间距 20 厘米左右。小主枝上着生有向两侧斜生的小枝组,树冠扇形,宽度 2～3 米,厚度 60 厘米左右(图 6)。这种树形树冠厚度薄,通风透光,结果早,产量高,便于管理和采收,但树势易衰弱,寿命较短,适用于水肥条件好、管理水平较高的密植栽培。

(2)整形要点

①定干:定植当年在距地面 50～60 厘米处剪截,剪口下20～30 厘米范围留饱满芽,抹去距地面 30 厘米范围内树干

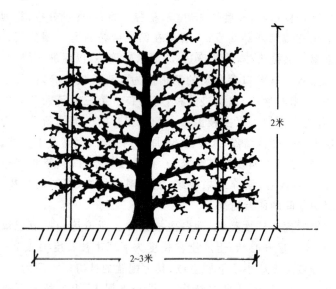

2米

2~3米

**图6　水平枝扇形树形示意**

上的芽。

　　②中心主干培养：定干后，将剪口芽萌发的新梢扶正，使其直立向上生长，待长度达50厘米左右时摘心，促其生长健壮，芽体饱满，有时会产生分枝。第二年萌芽前，将中心主干延长枝留40厘米短截，将剪口20厘米以下茎干芽刻伤，促其萌发壮梢；若剪口下有分枝，则分枝留短桩短截，使中心主干上萌发的枝条长势均衡。

　　③小主枝培养：定干后，主干上萌发的新梢全部保留，长度达1米左右时，分别顺南北行（即栽植行）拉向两侧，绑缚在事先顺行竖立、距主干50厘米的两根木杆上，使其呈近水平状。当年达不到1米长度的新梢，待第二年萌芽前，在饱满芽处短截，复壮长势，长度达1米后再拉向两侧木杆上绑缚。

④结果枝组培养:小主枝拉成近水平状后,其上分生枝条。使分生枝条保持平斜生状态,待长度达30厘米左右时摘心,促其生长分枝,分枝延伸范围控制在距小主枝30厘米范围内,即可培养成结果枝组。结果枝组在小主枝的两侧交错配置。

以后逐年依次类推,将中心主干向上延伸,其分枝拉向南北两侧;小主枝向南北两侧延伸至2~3米,其上的分枝,无生存空间的尽早疏除,有空间的保留,待长度达30厘米左右时摘心,促其发生分枝,培养成结果枝组。经3~4年即可形成树冠高2米左右,扇形冠宽2~3米,厚度60厘米左右的水平枝扇形树形。

# (二)结果初期修剪

花椒定植后第三年或第四年开始结果,但个别也有从第二年开始结果的情况。一般从开始结果到第六年生结果较少,这一段时间为结果初期。这一时期修剪的主要任务是进一步完成整形,维持树势平衡和各部分之间的主从关系,有计划地培养结果枝组,处理好辅养枝,为盛果期的高产奠定基础。

## 1. 骨干枝的修剪

骨干枝延长枝剪留长度应比整形期短些,一般剪留40厘米左右,枝头的分枝角度维持在45°左右。

主枝间强弱不均衡时,对强主枝,其上适当疏除部分强枝,多缓放,少短截,减少枝条数量,增加结果量,以缓和长势;对弱主枝,其上枝条可少疏除,多短截,增加枝条数量,减少结果量,增强长势。同一主枝上,要维持前部和后部长势均衡,若出现前强后弱,应采取前部多疏枝,多缓放,后部少疏枝,中短截的办法,控前促后,调整前后长势均衡;若出现前弱后强,可采用与上述相反的方法,控后促前。

树冠各部分的主从关系应为主干强于主枝,主枝强于侧枝,侧枝强于枝组,但强弱程度相差不能太大。若出现不正常的关系,应采取抑强扶弱的方法及时调整。

## 2. 辅养枝的利用和处理

辅养枝是整形期间保留在主干、主枝和侧枝上的临时性枝条,也是初果期结果的主要部位。因此,在不影响骨干枝生长和树冠内膛光照的前提下,应尽量保留,轻剪长放,促进其结果。若辅养枝对骨干枝或树冠内膛光照产生影响时,根据影响程度进行调整处理,影响较轻时,采用适当疏枝、回缩的方法,去掉影响部分;严重影响骨干枝生长时,应从基部疏除。

## 3. 结果枝组的培养

结果枝组可分为大、中、小3种类型,一般大型枝组有30个以上的分枝,中型枝组有10～30个分枝,小型枝组有2～10个分枝。大型枝组枝条数量多,更新容易,寿命长,而小型枝组枝条数量少,更新不易,寿命较短。另外,花椒为枝顶结果,且结果枝连续结果能力强,结果后容易形成短果枝群,枝组容易衰老,所以在配置结果枝组时,大、中型结果枝组的数量应占25％～30％,大、中、小型枝组要相间交错配置。

培养结果枝组时,根据枝轴枝条的状态常用先截后放、先截后缩、先放后缩、连截再缩的四种方法[图7(一),图7(二)]。

(1)先截后放法 萌芽前冬剪时,选中庸枝中短截促生分

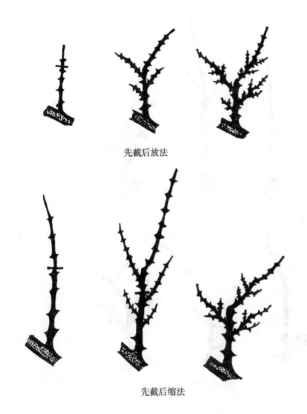

先截后放法

先截后缩法

**图7　结果枝组培养方法（一）**

枝,第二年冬剪时,除疏除直立旺枝外,其余枝条全部保留并缓放,使其上产生小分枝,形成顶花芽,以后根据延伸空间大小,适当短截个别枝条,延伸占据空间,逐步培养成中、小型枝组。

（2）先截后缩法　冬剪时,选较粗壮的枝条留较多的饱满芽重短截,促生较多的强壮枝条。第二年冬剪时,将前部部分

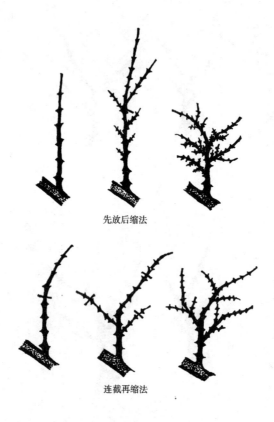

先放后缩法

连截再缩法

**图7 结果枝组培养方法(二)**

过旺枝条在适当部位回缩,保留枝中个别根据需要可适当短截,促其延伸,其余均缓放,逐步培养成大、中型枝组。

(3)先放后缩法 冬剪时,选中庸粗壮的枝条进行缓放,缓放后可形成较多的小分枝,待形成花芽结果后,在适当部位回缩,培养成中、小型枝组。

(4)连截再缩法 多用于大型枝组的培养。冬剪时,选较粗壮的中庸枝进行重短截,在母枝下部促生强弱不同的分枝,第二年冬剪时,在不同延伸方向选强弱不同的分枝,中短截促其延伸,在生长季还可在空间大、枝条少的部位进行摘心,促进分生枝条,当占据延伸空间后,再逐步回缩,形成圆满紧凑的大型枝组。

结果枝组的培养应坚持"快速形成,圆满紧凑"的原则,根据枝条状态和延伸的空间,确定枝组的大小,选择适宜的培养方法,以冬剪夏剪相结合的培养方式培养结果枝组。

# (三)盛果期修剪

花椒定植后 6～7 年开始进入盛果期。此时,树体骨架结构已形成,且结果枝组基本配备,开始大量结果。如果立地条件好,管理水平较高,盛果期可维持 20 年左右。相反,若管理差,长势就弱,盛果期只能维持 10 年左右。盛果期修剪的主要任务是维持健壮树势,更新和调整各类结果枝组,维持结果枝组的长势和连续结果能力。

## 1. 骨干枝的修剪

盛果初期,如果主枝还未完全占据株间空间,可对延长枝中短截,继续延伸;若主枝在株间交接,延长枝应当用长果枝当头,停止其延长。盛果期后期,骨干枝枝头因连年结果变弱,先端开始下垂,应及时在斜上生长的强壮枝组处回缩,以抬高枝头角度,复壮长势(图 8)。

对侧枝的修剪,主要是促其占据空间和维持其健壮长势。有延伸空间时,延长枝用发育枝当头,并中短截促其延伸;无延伸空间时,延长枝用结果枝当头,中止延伸。侧枝的长势应

**图 8　抬高枝头角度**

保持强壮,但长势应略弱于主枝,若长势偏旺,应疏除其上部分旺枝,对保留的枝条多缓放,使其多结果;若偏弱,则应多保留发育枝,对保留枝多短截,减少结果量,复壮长势。

## 2. 结果枝组的修剪

盛果初期下层主枝上或枝组周围还有一定的空间,在不造成遮光的前提下可继续培养新的枝组或延伸枝组的枝头,以占据全部空间,但应保持枝组平斜生状态,背上直立枝组一般不保留,如确需保留,应控制其高度在 30 厘米左右,以利树冠内通风透光。随着结果年龄的增加,枝组开始衰退,应及时更新修剪。一般小型枝组易衰退,要及时疏除其上细弱的分枝,保留强壮枝条,短截部分结果枝,复壮其生长势,提高结果能力。中型枝组要及时短截更新后部衰弱枝,并适时回缩,用较强壮的枝带头,稳定其长势和结果能力。大型枝组一般不易衰退,但容易出现前部枝组偏旺,后部枝组衰弱现象,应不断将前部直立的较旺枝组引向两侧,或疏除其上直立旺枝,对后部衰弱枝组适当回缩,抬高枝头角度。

盛果后期,大量的背下和两侧平生枝组开始衰老,应及时缩剪,并引向背上斜生,复壮长势,逐步由背下和两侧平生枝组结果调整为背上斜生和背上枝组结果,维持枝组的结果能力。

### 3. 徒长枝的处理与利用

盛果末期,树势逐渐衰弱,树冠内膛常萌发很多徒长枝,这些徒长枝长势强旺,不仅消耗大量养分,而且扰乱树冠,应及早处理。一般对枝组较多部位的徒长枝应及早抹芽或疏除;对生长在骨干枝后部光秃部位的徒长枝,应于夏季长到30~40厘米时摘心,促其分枝,冬剪时去强留中庸,引向两侧,改造成结果枝组,增加结果部位(图9)。

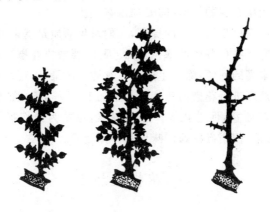

图9 徒长枝处理

# 十一、花椒的加工与利用

自古以来,花椒一直是人们喜爱的调味食品,有"调味品之王"的美誉,并且具有良好的药用价值,使用非常广泛。

长期以来,花椒一直以果皮颗粒或面剂使用。以颗粒使用,需长时间煮炖才能使其香味进入食物中,如食用不慎,食入椒粒,嘴麻难忍;以面剂使用,常在菜、汤中残留料渣,影响饭菜的色泽和清爽,给食用者带来不快。特别是花椒在栽培管理中使用化肥、农药等,使椒果不同程度地受到污染,危害人体健康;同时,花椒在收购、销售过程中,多以散装和麻袋包装,有效成分日渐挥发,会降低花椒的质量。城市加工点远离花椒产地,运输过程中造成原料损耗大,产品成本高,使原料生产者缺乏生产资金,投入不足,限制了生产的发展。这些加工与利用中存在的问题,需要加以解决。

随着人民生活水平的提高,人们对生活质量越来越关注,渴望垂青于各种各样的绿色食品。因此,要解决花椒受污染和产品成本高的问题,除了生产中注意防止污染外,还有必要在花椒主产区进行花椒的粗加工和精加工。这样,不但能创造更高的经济效益,促进花椒产业的发展,也能为人们提供高营养、无污染、使用方便的调味佳品和保健品。

# (一)花椒粗加工

收获的干椒皮中混有树叶、果柄、种子等杂质,在进入市场或作深加工原料前,要进行杂质清理、颗粒分级,然后粗加工装袋或粉碎装袋。

## 1. 袋装花椒加工

将采收的花椒果皮晾晒后去除残存的种子、叶片、果柄等杂质,分级定量包装后作为煮、炖肉食的调料或药材上市。

(1)加工程序

①果皮清选:将花椒果皮放入容器内,用木棒或木板人工轻搅搓,使果柄、种子与果皮分离,然后送入由进料斗、筛格、振动器、风机和电机等组成的清选设备中进行清选。由进料斗落入第一层筛面上的物料,经风机吸走比果皮轻的杂质和灰尘,而树叶、土石块等较大杂质留在筛面上,并逐渐从排渣口排出。穿过筛孔的物料落到第二层筛面上,第二层筛进一步清除果皮中较大的杂质,果皮和较小的物料穿过筛孔落到第三层筛面上;在第三层筛格上,种子和幼小杂质穿过筛孔落到第四层筛格上,留在第三层筛面的果皮被风机吸送到分级装置;在第四层筛格上将种子与细沙粒等杂质分离,并分别排出。

②果皮分级:送入由振动器和分级筛组成的分级装置的果皮,按颗粒大小分为两三级,并分别排出。

③果皮包装:将分级后的果皮用塑料包装袋定量包装、封口,即成为不同等级的袋装花椒成品。

(2)工艺流程

## 2. 花椒粉加工

将干净的花椒果皮粉碎成粉末状,根据需要定量装入塑料袋或容器内,封口,即成为花椒粉成品。

(1)工艺流程

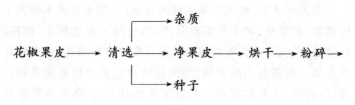

包装──→封口──→成品

(2)主要设备　主要设备有清选设备、烘干设备、粉碎机、装袋机、封口机等。

# (二)花椒香油加工

花椒香油是利用花椒果皮中所含香料成分,经油炸、浸提、蒸馏等方法,使香料成分浸渗到食油中或提取出来,配制成无农药、化肥等残毒的食用方便的调味品。

## 1. 花椒麻香油加工

花椒麻香油是将花椒果皮放入加热的食用植物油中浸泡、炸煮,使果皮中的麻香成分浸渗到食用油中加工而成的食用调味品。

(1)工艺流程

食用植物油──→加热(120℃)──→冷却(30～40℃)──→
加入花椒果皮──→浸泡(30分钟)──→加热(100℃)══冷却
(30℃)──→过滤[──→果皮──→粉碎──→花椒粉
　　　　　　　[──→麻香油──→冷却(室温)──→静置──→
装瓶──→封口──→成品

（2）操作步骤及要点　①将植物油倒入油炸锅内,加热到120℃,然后冷却到30～40℃；②将干净的花椒果皮与食用油的重量按 1.5：100 的比例放入冷却后的油内浸泡 30 分钟,再将花椒和植物油混合物加热到 100℃左右,冷却到30℃。如此反复加热、冷却 2～3 次,即成花椒的果皮和麻香油混合物；③将混合物过滤所得的滤液即为花椒麻香油,过滤出的果皮可粉碎制成花椒粉；④将花椒麻香油静置、冷却至室温后装瓶。

（3）主要设备　主要设备有大铁锅、滤网、洗瓶机、灌装机、粉碎机等。

## 2. 花椒香精油加工

花椒香精油是利用从花椒果皮中提取出来的花椒原精油,再与其他配料混合配制而成。其加工程序主要为花椒原精油提取和勾兑配制两步。

（1）花椒原精油提取　常用的方法有浸出法和蒸馏法两种。

①浸出法:即选择某种能够溶解花椒果皮中油脂的有机溶剂,浸泡或喷淋果皮料,使果皮中的油脂溶解在溶剂中,形成混合油,再利用溶剂与果皮油脂的沸点不同,进行蒸馏,即可将花椒香精油脂提取出来。其工艺流程因浸出方式不同而异。

浸泡式工艺流程:

花椒果皮──→烘干──→粉碎──→浸泡（溶剂）──→离心分离
──→浸提液（混合油）──→蒸馏──→精油原液。
　　　　　　　　　　　　　│
　　　　　　　　　　　　　└─→溶剂

混合式工艺流程：

花椒果皮 $\longrightarrow$ 烘干 $\longrightarrow$ 粉碎 $\longrightarrow$ 软化 $\longrightarrow$ 浸泡（溶剂）

$\longrightarrow$ 混合油 $\longrightarrow$ 过滤 $\longrightarrow$ 蒸馏 $\longrightarrow$ 浸出液 $\longrightarrow$ 蒸馏 $\longrightarrow$

└─→溶剂→蒸发→冷却→溶剂

花椒精油原液 $\longrightarrow$ 贮存

浸出操作要点及注意事项：浸出温度以 50～55℃为宜；浸出时间一般为 90 分钟；混合油浓度在 15％～25％之间；使用的溶剂应沸点低，气化潜热小；因使用的溶剂主要是酒精、工业乙烷等，具有易燃易爆性，要特别注意设备、管道密闭，操作规范，以防止发生燃烧和爆炸。

浸出法所用的主要设备有：浸出设备、水汽锅炉、真空回流浓缩罐、水循环真空泵、不锈钢浸提罐、粉碎机、离心机、微孔过滤机、多功能提取罐、包装封口机等。其中浸出设备目前主要有：罐组式浸出器、平转浸出器、履带式浸出器、弓型浸出器、U 形浸出器、Y 型浸出器和环型浸出器等。平转浸出器是目前国内比较先进且广泛应用的浸出设备。

②蒸馏法：即利用花椒果皮中的非油物质对油与水的亲和力和汽化点的不同，以及油与水之间的比重不同，而将花椒精油从油料中分离出来。其工艺流程如下：

花椒果皮 $\longrightarrow$ 粉碎 $\longrightarrow$ 浸湿 $\longrightarrow$ 装罐 $\longrightarrow$ 蒸馏 $\longrightarrow$ 冷凝 $\longrightarrow$ 混合液 $\longrightarrow$ 静置 $\longrightarrow$ 分液 $\longrightarrow$ 花椒精油原液 $\longrightarrow$ 贮存

蒸馏法操作要点：将经去杂后的花椒果皮粉碎，花椒粉浸湿后装入蒸馏罐内,其湿度以手捏不成团为宜;通入蒸气(压力为 40.53 万帕)进行蒸馏,罐内温度以 95～100℃为宜,时间3～4 小时;将冷却的混合液静置 30 分钟后进行分离,即得花椒精油原液。

蒸馏法所用主要设备有:蒸汽锅炉、粉碎机、蒸馏罐、冷凝器、贮罐。

(2)花椒精油系列调味品配制  将花椒精油原液、食用酒精、各种食用油(芝麻油、色拉油、芥末油、辣椒油、大蒜精)分别按 1∶100～200 的比例混合,即可配制成无木质素和对人体健康无害,具有花椒特有的麻香味,且食用方便的系列调味品。其工艺流程如下:

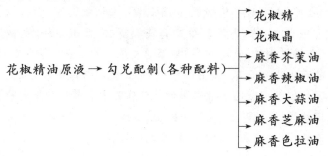

主要设备有:贮水罐、洗瓶机、立瓶机、消毒机、灌装机、旋盖机、贴标签机等。

# 十二、病虫害及其防治

## （一）病虫害种类

花椒在我国栽培广泛，栽培区气候多样，病虫害种类多。据党心德、蒲淑芬等资料，现已发现害虫 134 种，病害 20 余种。其中，蛀干害虫有 33 种，主要有红颈天牛、黄带黑绒天牛、白芒锦天牛、桔褐天牛、柳干木蠹蛾、花椒窄吉丁等；食叶害虫有 66 种，主要有花椒凤蝶、花椒跳甲、枸桔跳甲等；为害枝梢的害虫有 25 种，为害较重的有花椒蚜虫、桑拟轮蚧、花椒瘿蚊、山楂红蜘蛛、吹绵蚧等；根系害虫有 9 种，多为害幼苗，常见的有铜绿丽金龟、黄褐丽金龟、华北大鳃金龟等；为害果实的害虫仅发现蓝桔潜跳甲 1 种。在病害中危害叶和果实的有花椒锈病、花椒叶斑病、炭疽病、烟煤病 4 种；危害枝干的有花椒流胶病、干腐病、枝枯病、枯梢病 4 种。

## （二）病虫害防治措施

防治病虫害首先要认清种类，熟知害虫的生活史与生活习性，以及病害发生的规律，然后确定合理的防治措施，选择适宜的药剂和防治时期，对症下药，才能获得最佳防治效果，将病虫控制在不致造成危害的水平以下。

对病虫的识别，通常先采实物标本，然后与书本中的形态描述和附图对照确定。也可将标本送往有关单位或专家进行鉴定,确定病虫的种类。

在确定病、虫种类的基础上,通过查阅有关资料,或借鉴参考前人在生产中积累的可靠经验,查明该病或害虫的发生规律、生活史及生活习性,从中找出最易杀灭或控制的阶段、危害高峰期,然后以此为依据确定防治措施、药剂和防治时间。

选择有效防治措施。目前,病虫害的防治有栽培技术、生物防治、物理机械杀灭、化学农药防治和植物检疫等五类措施。栽培技术是通过选育抗病虫品种,培育健壮苗木,合理搭配树种,加强管理增强树势,及时挖除濒死树,保持园地通风透光等生产环节与生产技术,保持树体生长健壮,增强抗病虫能力,并创造不利病虫生存、蔓延的环境。生物防治是利用真菌、细菌、病毒等微生物抑制害虫的发生,或利用寄生性、捕食性天敌等治虫。物理机械杀灭是利用人力、器械、光、热、电、射线等诱捕诱杀或直接杀灭害虫、病菌。化学农药防治是利用各种有毒的化学物质杀死害虫和病菌。植物检疫是通过对苗木、果实、种子及其木材调运中病虫的严格检疫,杜绝危险病虫向新栽培区的传播、扩散。在病虫防治中,应综合考虑各种防治措施的优缺点,扬长避短,有机结合。应坚持以栽培技术和植物检疫为基础,以生物防治为主导,化学农药防治和物理机械杀灭要合理、适度、灵活应用的原则,进行综合防治,将病虫害控制在不致造成灾害的水平以下,达到保护环境和果实丰产的目的。需要特别指出的是,目前的病虫防治多采用单一化学农药防治的措施,这种做法虽能达到控制病虫的效果,但对环境和产品都有污染的副作用,既不利于环境保护,也削弱了产品在市场上的竞争力。

# (三)主要虫害及防治技术

## 1. 花椒蚜虫

花椒蚜虫又叫绵虫,俗称蜜虫、腻虫、油虫。在我国花椒产区均有发生。花椒蚜虫以刺吸口器吸食叶片、花、幼果及幼嫩枝梢的汁液,被害叶片向背面卷缩,引起落花落果,同时,排泄蜜露,使叶片表面油光发亮,影响叶片的正常代谢和光合功能,并诱发烟煤病等病害的发生。

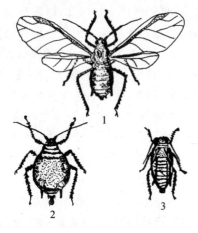

**图 10 花椒蚜虫**

1. 有翅胎生雌蚜(背面) 2. 无翅胎生雌蚜(背面) 3. 若蚜

(1)形态特征

有翅胎生雌蚜:体长 1.2～1.9 毫米,虫体黄色、淡绿色或深绿色,触角比身体短,翅透明,中脉三分岔。

无翅胎生雌蚜:体长 1.5～1.9 毫米,虫体有黄、黄绿、深绿、暗绿等色,触角约为体长的 1/2 或稍长。前胸背板的两侧各有 1 个锥形小乳突。腹管黑色或青色(图 10)。

卵:椭圆形,长 0.5～0.7 毫米,初产时为橙黄色,后转深褐色,最后为黑色,有光泽。

有翅若蚜:夏季为黄褐色或黄绿色,秋季为灰黄色,2 龄虫出现翅芽,翅芽黑褐色。

无翅若蚜:夏季体色淡黄,秋季体色蓝灰或蓝绿色。

（2）生活史及习性　以卵在花椒芽体或树皮裂缝中越冬。翌年 3 月下旬至 4 月上旬,花椒萌芽后,越冬卵孵化,无翅胎生雌蚜出生,在嫩梢上为害。之后,产生有翅胎生雌蚜,迁飞各处为害。花椒蚜虫繁殖能力很强,早春和晚秋气温较低时 10 多天 1 代,天气温暖时 4～5 天 1 代,一生可产生小蚜 60～80 头。10～11 月份产生有性蚜,交尾后在花椒枝干上产卵越冬。

（3）防治方法　花椒蚜虫的防治可根据虫口密度大小采用生物防治或化学防治。一般情况下,虫口密度小初发期采用生物防治;虫口密度大,短时间内会造成严重危害时,应采用化学农药防治。具体方法如下:

①生物防治:一是在 5 月上旬蚜虫开始危害时,向椒树投放七星瓢虫,瓢蚜比为 1∶200;或在椒树上喷洒蜜露或蔗糖液引诱十三星等瓢虫,利用它消灭蚜虫;二是在椒园附近栽植一定数量的能在各个生长季节开花的经济树木或作物,招引食蚜蝇等天敌成虫,使其在椒园安家治蚜。人工投放用的瓢虫是在冬初设置瓢虫越冬箱,待群聚后移到室内、土窖,保护其安全越冬;或在投放前到田间人工捕捉瓢虫成虫和幼虫。

②化学药剂防治:一是药剂涂干,在第一主枝以下的树干上,刮去 10～20 厘米宽度范围的老皮和皮刺,以露出绿白色树皮为宜,然后用 40%乐果乳剂加水 10 倍稀释后,涂抹成 10～20 厘米的药带,涂药后内衬旧报纸或牛皮纸,外包塑料薄膜,两端用细绳绑扎。涂干时期一般在 4 月下旬至 5 月上旬。这样既可起到杀灭蚜虫的作用,又不会因树冠喷药而杀灭天敌。二是树冠喷药。在越冬卵孵化期及 5～6 月份,向树冠

交替喷布40%乐果乳剂1 500～2 000倍液,1605乳剂1 000～1 500倍液,40%氧化乐果乳油2 000～3 000倍液,50%灭蚜净乳剂4 000倍液。用化学药剂防治时应注意:最好在各次有翅蚜大量发生之前进行,以防止它扩散蔓延;药剂最好选用内吸剂涂干、涂枝,减少直接向叶面大量喷药,以免大量杀伤天敌;在蚜虫最初的点片发生期,应采用点片施药法,切忌过早地全面喷药;结果树采前一个月内严禁喷药;在10～11月份喷药防治有性蚜虫,防止其产卵、越冬。

## 2. 蓝桔潜跳甲

该虫在陕西、甘肃、江苏等省栽培区均有发生与为害。

(1)形态特征

成虫:卵圆形,体长约4毫米,宽2.5毫米。虫体背面全蓝色,腹面全为暗黄色。复眼黑色,触角基部4节黄色,其余7节褐色。鞘翅具强烈金属光泽,点刻11行(图11)。

幼虫:老熟时乳白色,体长约5毫米。头黑褐,具纵沟。体略扁。

蛹:为裸蛹,长4毫米,初为白色,后渐变黄。

(2)生活史及习性 1年1代,以成虫在枯枝落叶中越冬。花椒的开花期为越冬后的成虫活动盛期,成虫吃嫩叶和花序,产卵于花序上。初孵幼虫潜居嫩籽内为害,5月底陆续老熟,并随虫果脱

**图11 蓝桔潜跳甲成虫**

落到地面,幼虫爬出果籽入土化蛹。蛹期约15天,6月中旬新成虫开始羽化,6月底至7月初为羽化盛期。新成虫取食嫩

叶,8月份蛰伏,寿命长达10个月以上。

（3）防治方法

①栽培技术防治:土壤封冻前刨树盘,破坏越冬场所,可消灭部分入土越冬成虫。

②化学药剂防治:花椒展叶期用溴氰菊酯2 000倍液、杀螟松2 000倍液喷树冠,药杀越冬成虫,可达到良好的防治效果。

## 3. 花椒桔潜跳甲

该虫在陕西、甘肃、山西、四川等省栽培区均有发生与为害,幼虫潜入叶内蛀食叶肉,成虫吃嫩叶。

（1）形态特征

成虫:卵圆形,体长约4毫米,宽3毫米。头、复眼、触角和足均为黑色,前胸背板和鞘翅橘黄色(图12)。

幼虫:头黑色,身体初为乳白色,后变为乳黄色。前胸背板及臀板各有一褐斑。

蛹:裸蛹,淡黄色,体长4～5毫米,宽3毫米。

卵:块状,每块约15粒。卵初为褐绿色,后变黑褐色,外覆成虫粪便。卵粒椭圆形,长约1毫米,白色。

图12 花椒桔潜跳甲成虫

（2）生活史及习性　1年2～3代,以成虫在土内越冬。4月中旬开始出土活动,下旬进行交配、产卵,主要产于叶背面。5月上旬为产卵盛期,5月中旬开始孵化。幼虫为害叶片,有转移为害习性。6月中旬开始化蛹,蛹期约15天,7月上旬第一代成虫出现,7月中旬为产卵盛期,直到9月底都能见到卵、幼虫和成虫的世代重叠现象,11月初成虫下树入土越冬。

(3)防治方法

①化学防治:4月中旬用氧乐菊酯或杀螟松2 000倍液喷树冠和地面,杀灭出土越冬成虫。5月中下旬用辛氰乳油或氧化乐果1 500～2 000倍液喷树冠,杀幼虫。

②物理机械防治:8月下旬利用成虫多在嫩梢处为害,且不活跃的特性,人工振落捕杀。

## 4. 枸桔跳甲

该虫在陕西、甘肃、四川、湖南、湖北、江苏、山东、浙江、福建等省有发生和为害。除为害花椒外,还为害柑橘。其为害方式主要是幼虫潜入叶内蛀食叶肉,引起叶片提前枯萎脱落。因严重落叶,对花椒产量、质量都有很大影响。

图13 枸桔跳甲成虫

(1)形态特征

成虫:卵圆形,体长约3.5毫米,体宽2.4毫米;鞘翅墨绿色,有金属光泽(图13)。

卵:初产时黄色,表面具网纹,孵化前呈灰白色。

幼虫:体扁,有3对胸足,无腹足。老熟时黄色,体长约5.0毫米,宽1.5毫米。

蛹:为裸蛹,体长约3.5毫米,宽2.0毫米,体色黄,末端背面有两个弯刺。

（2）生活史及习性　1年1代,以成虫越夏、越冬。3月下旬开始出土活动,交配产卵,卵散产于嫩叶上,主要在叶尖。卵期约10天,初孵幼虫约2小时后即可完全潜入叶内,蛀食叶肉,受害叶片即提前枯萎、脱落。幼虫期约2周,老熟后即入土化蛹,蛹期约10天。5月底出现新成虫,6月份陆续蛰伏。

（3）防治方法　枸桔跳甲防治的关键时期是越冬成虫出土活动盛期,主要采用化学农药防治。通常在4月上中旬的成虫出土活动盛期,向树体和地面喷溴氰菊脂3 000倍液或杀螟松2 000倍液,均可取得良好的杀灭效果。

## 5. 桃红颈天牛

该虫在陕西、甘肃、山西、河南、河北、内蒙古、山东、江苏、浙江等省(自治区)有发生和为害,除为害花椒外,主要为害桃、李、杏等。其为害方式主要是幼虫在木质部蛀隧道,造成树干中空,引起树势衰弱,严重时造成树体死亡。

（1）形态特征

成虫:体长28～37毫米,前胸大部分为棕红色,有光泽。鞘翅表面光滑。雄虫比雌虫小,触角超过体长4～5节,雌虫触角超过体长2节(图14)。

卵:圆形,乳白色,长约6～7毫米。

幼虫:初孵时乳白色,老熟幼虫头黑褐色,前胸背板前缘黄褐色,中间色淡,体长50毫米左右。

蛹:初为乳白色,渐变黄褐色,体长35毫米左右。

（2）生活史与习性　一般为2年1代,少数3年1代。以幼虫在树干蛀道内越冬,翌年恢复活动,在皮层下和木质部钻不规则的隧道,排出虫粪和木屑。5～6月份老熟幼虫作茧化蛹。6～7月份成虫羽化后,从树干中钻出交尾。卵多产在主

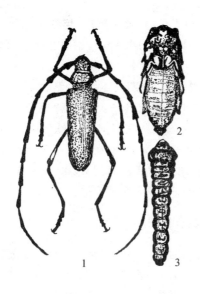

**图 14　桃红颈天牛**

1. 成虫　2. 蛹　3. 幼虫

干、主枝的树皮缝隙中。卵期 8 天左右。幼虫孵化后向下蛀食韧皮部，第二年 7～8 月份，幼虫长至 30 毫米后，头向上往木质部蛀食。到第三年 5～6 月份幼虫老熟化蛹，蛹期 10 天左右羽化为成虫。

（3）防治方法　桃红颈天牛属蛀干害虫，多在树皮下和树干中活动，防治较难。防治的关键时期是成虫羽化后和幼虫孵化后，采用人工捕杀、钩杀和农药毒杀相结合的方法防治。常用方法：①6～7 月份的成虫羽化期，在椒园内人工捕杀成虫。或用糖、酒、醋（1∶0.5∶1.5）混合液，诱集成虫，然后杀死；②成虫发生前，用 1 份硫黄、10 份生石灰和 40 份水配制的涂白剂涂刷树干和主枝基部，可防止成虫在树体上产卵；③经常检查树干和主枝，发现虫粪和木屑时，可用铁丝钩杀，或用小刀在小幼虫为害流出黄褐色汁液部位纵划，杀死幼虫；④在幼虫为害期，用 1 份敌敌畏、乐果或杀螟松，加 9 份煤油或柴油配制的溶液，注入虫孔，可杀死幼虫。

## 6. 桔褐天牛

该虫在陕西、甘肃、河南及长江以南各省(自治区)均有发生和为害。除为害花椒外,主要为害柑桔。

(1)**形态特征** 成虫体色黑褐,有光泽,体长 26～51 毫米,宽 10～14 毫米。雄虫触角超过体长 1/2,雌虫触角较体长略短。鞘翅肩部隆起,两侧几乎平行,末端较狭(图 15)。

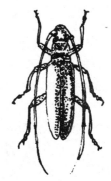

**图 15 桔褐天牛成虫**

(2)**生活史与习性** 3 年 1 代,以幼虫越冬 3 次,每年 3 月底开始活动,直至 11 月份,每天将所蛀木屑送出洞外。幼虫老熟时,在虫道末端筑室化蛹,蛹期约 20 天,羽化后成虫钻出洞外,寿命1～2 个月或更长,5～8 月份均可见到成虫,但以 6～7 月份最多。成虫白天隐蔽,黄昏后爬出活动、交配、产卵,卵散产于树皮裂缝或伤口处。卵期 10 天左右,初孵幼虫先在皮下蛀食,6 周后即蛀入木质部。

(3)**防治方法**

①人工捕杀:在 6～7 月间的夜晚,用手电照明捕杀成虫。

②人工钩杀:用铁丝钩伸入较浅的虫孔中,钩杀幼虫。

③农药毒熏:用注射器注入 500 倍的敌敌畏,或 800 倍的甲胺磷,或 600 倍的氧化乐果,杀死蛀孔幼虫;或者用棉球蘸些溴氰菊酯与敌敌畏各 50 倍的混合液塞入洞内,用湿土封住洞口,可起到熏杀幼虫的效果。

幼虫防治在4～10月份均可进行,但以4月份防治最好,因此时树体刚萌芽,容易发现幼虫从树干上蛀出的新木屑,且防治早,为害轻。

## 7. 花椒虎天牛

该虫专门为害花椒,又叫花椒天牛。在花椒主要产区均有发生,但以四川和西藏较多。成虫食树叶,为害较轻,幼虫蛀食枝干,引起枯死,造成减产,为害较重。

(1)形态特征

成虫:体色黑,全身有黄色绒毛。体长19～24毫米,宽7～8毫米。触角11节,约为体长的1/3。鞘翅基部有1个卵圆形黑斑,中部有2个长黑斑,近端部又有1个长圆形黑斑(图16)。

**图16 花椒虎天牛成虫**

卵:长椭圆形,长1毫米,宽0.5毫米。起初为白色,孵化前呈黄褐色。

幼虫:初孵幼虫头淡黄色,体乳白色。老熟幼虫体长20～25毫米,头黄褐色,体乳黄色,气孔明显。

蛹:为裸蛹,初为乳白色,渐变为黄色。

(2)生活史与习性 2年1代,少数3年1代,以幼虫及蛹越冬,也有少数以卵越冬。5月下旬开始羽化,6月下旬成虫从羽化孔爬出,取食树叶补充营养,7月中旬进行交尾,下旬产卵。卵散产于树皮裂缝中,卵期约20天。初孵幼虫蛀食韧皮部并在其中越冬,第二年5月份蛀入木质部,继续为害并在其中进行第二次越冬。第三年5月份幼虫老熟并筑室化蛹。由于世代不整齐,幼虫与蛹全年可见。

(3)防治方法

①杀灭幼虫:4月下旬小幼虫在韧皮部取食为害时,为害部位有黄褐色汁液流出,此时可用刀尖纵划受害部位树皮,杀死小幼虫。5月中下旬幼虫蛀入木质部时,在蛀孔口有淡黄色木屑排出,可用铁丝钩插入孔内底部,钩杀幼虫。如果虫孔过深或弯曲,钩杀不到,可用注射器向蛀孔中注入敌敌畏500倍液,或600倍氧化乐果,或800倍甲胺磷药杀幼虫。

②捕杀成虫:6月下旬到7月中旬成虫取食、交尾活动时,在晴天下午1~6时人工扑杀树上的成虫。

## 8. 花椒凤蝶

该虫在辽宁、吉林、河北、山东、陕西、甘肃、山西、江苏、浙江、福建、湖北、四川等省花椒产区均有发生和为害。以幼虫取食嫩芽和叶片为害,严重时会吃光幼树上的全部叶片,引起树势衰弱和严重减产。

(1)形态特征

成虫:体长25~30毫米,翅展70~100毫米。体色绿黄,体背有黑色背中线。翅黄绿色或黄色,沿脉纹两侧黑色,外缘有黑色宽带,带的中间前翅有8个、后翅有6个黄绿色新月斑,前翅中室端部有2个黑斑,基部有几条黑色纵线,后翅黑带中有散生的蓝色鳞粉,臀角有橙色圆斑,中有一小黑点(图17)。

卵:圆球形,直径约1毫米。初产时淡黄白色,快孵化时变

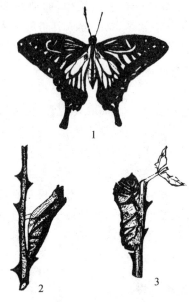

**图 17 花椒凤蝶**

1. 成虫　2. 蛹　3. 幼虫

为黑灰色,微有光泽,不透明。

幼虫:初龄黑褐色,头尾黄白,似鸟粪。老熟时全体绿色或黄绿色,体长35～45 毫米,后胸背两侧有蛇眼纹,中央有黑紫色斑点,体侧面有 3 条蓝黑色斜带。

蛹:长 30～32 毫米。初化蛹时淡绿色,后呈暗褐色,呈纺锤形,前端有 2 个尖角。

(2)生活史与习性在黄河流域 1 年发生 2～3 代,在长江流域 1 年发生 3～4 代,有世代重叠现象,各虫态发生很不整齐。以蛹越冬,3 月底羽化为成虫,第一代幼虫到 5 月底即老熟化蛹,夏季繁殖更快,到 9 月份 4 种虫态仍然存在。成虫白天飞翔活动,吸食花蜜,交尾产卵,卵散产于叶背或叶表面,卵期约 7 天左右。初孵幼虫取食嫩叶,将叶片咬成小孔,或从边缘取食,成长后将嫩叶全部吃光,老叶仅留叶脉。幼虫老熟后停止取食不动,体发亮,脱皮化蛹。蛹斜立于枝干上,一端固定,另一端悬空,并有丝缠绕。

(3)防治方法　花椒凤蝶因幼虫体大易见,蛹挂在枝干上,容易捕杀,应以人工捕杀为主,幼虫发生严重时,可喷药防治。

①人工捕杀:冬季清除树枝干上的越冬蛹;生长季在发生轻微的树上人工捕杀幼虫和蛹。

②生物防治:在幼虫严重发生时,及时喷青虫菌或苏芸金杆菌1 000～2 000倍液杀死幼虫。

③农药防治:幼虫大量发生时,可喷50%敌百虫1 000倍液或50%敌敌畏乳剂1 000倍液毒杀。

## 9. 柳干木蠹蛾

该虫在陕西、甘肃、黑龙江、吉林、辽宁、内蒙古、河北、山东、河南、江西和浙江等省(自治区)有发生和为害。除为害花椒外,还为害杨、柳、榆、栎、银杏等树木。幼虫蛀食树枝干及根颈部,导致树木生长衰弱,甚至整株死亡。

(1)形态特征

成虫:雌蛾体长25～28毫米,翅展45～48毫米。雄蛾体长16～22毫米,翅展35～44毫米。体及前翅灰褐色,后翅灰白色。触角丝状、灰褐色(图18)。

卵:圆形,长1.2毫米,宽0.8毫米。初产时乳白色,渐变成暗褐色。

幼虫:体圆筒形,略扁。初孵时粉红色,老熟时肉红色,有光泽。老熟幼虫体身25～40毫米;头部黑色,前胸背板有一对较大黑褐色斑纹。

**图18 柳干木蠹蛾成虫**

蛹:暗褐色,雌蛹体长20～25毫米,雄蛹体长13～30毫米。

（2）生活史与习性　3年1代,以幼虫在枝干内越冬。经过3次越冬的幼虫于第四年4~5月份爬出树孔,入土化蛹,蛹期20天左右。成虫发生期6月中旬至7月下旬,白天隐蔽,夜间活动,有趋光性。成虫交尾后1小时即可产卵。卵成堆或成行产于树干或较粗大枝的粗皮缝、剪口、伤口及旧虫孔等处,每卵堆少者几粒,多者可达40余粒。卵期11~27天,平均20天左右。初孵幼虫选择树皮裂缝或其他孔口侵入,在韧皮部和边材部蛀食,随后逐渐蛀入木质部。幼虫在树干内经3次越冬后,钻出树孔,入土化蛹。

（3）防治方法　①对为害严重的椒园,及时挖除枯死树和虫害严重的树,运出园地烧毁,以减少其繁殖场所和虫源;②利用成虫的趋光性,于6~7月份安装黑光灯诱杀成虫;③在成虫羽化产卵盛期,树干、大枝上喷50%杀螟松或50%倍硫磷乳剂400~500倍液杀卵;④在幼虫孵化盛期8月上中旬,用50%杀螟松或40%乐果乳油1 000~1 500倍液喷树干和大枝,毒杀初孵幼虫;⑤在幼虫刚刚蛀入韧皮部或边材表层期间,用40%乐果乳剂柴油液(1∶9)或50%杀螟松柴油液涂虫孔,毒杀幼虫。

## （10）黑绒金龟子

该虫在花椒主要产区均有发生和为害。以成虫取食花椒嫩芽、幼叶及花的蛀头。常群集暴食,造成严重危害。

（1）形态特征

成虫:体长7~9毫米,宽4.5~6.0毫米。初羽化为褐色,后转黑褐或黑紫色,体表具灰黑色绒毛,有光泽。鞘翅上具有数条隆起线,两侧有刺毛(图19)。

卵:椭圆形,乳白色,光滑,长约1.2毫米。

幼虫:乳白色,头部黄色,体被黄褐色细毛,尾部腹板约有 28 根刺。

蛹:体长约 8 毫米,黄褐色,复眼朱红色。

（2）生活史与习性

1 年 1 代,以成虫在土壤中越冬。3 月中下旬土壤解冻后,越冬成虫即逐渐上升,日落前

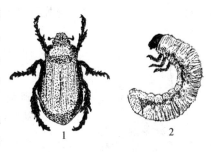

**图 19　黑绒金龟子**
1. 成虫　2. 幼虫

后从土里爬出,飞到树上取食嫩芽和幼叶,晚 9～10 时又落地钻入土中潜伏。卵期 7～10 天,幼虫以腐殖质和幼根为食,老熟幼虫潜入地下 20～30 厘米深的土壤中做土室化蛹,约 10 天羽化,羽化成虫即潜伏在土壤中越冬。成虫有较强的趋光性和假死性。

（3）防治方法　①利用成虫的假死性,于发生期傍晚振落捕杀;②利用成虫的趋光性,于发生期安置黑光灯诱杀;③成虫大量发生时,向树上喷 40％乐果乳油 1 000 倍液。

## 11. 华北大黑鳃金龟

该虫在陕西、甘肃、宁夏、青海、内蒙古、黑龙江、吉林、辽宁、北京、天津、河北、山西、山东、河南、江苏、安徽、浙江等省、市(自治区)均有发生和为害。为害花椒、苹果、梨、桑、茶、油松、落叶松、杨、柳、榆、刺槐等。幼虫咬断苗根、嫩茎,引起椒苗死亡。成虫取食花椒嫩芽,造成减产。

（1）形态特征

成虫:长圆形,体长 16～21 毫米,宽 8～11 毫米,体翅黑

或黑褐色,有光泽。鞘翅会合处呈纵隆起线,鞘翅上各有3条纵隆纹(图20)。

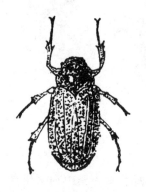

**图20 华北大黑鳃金龟成虫**

卵:长椭圆形,长2.5毫米,宽1.5毫米,初有黄绿色光泽,逐渐变成球形,白色。

幼虫:3龄幼虫体长30.9毫米,头宽5.4毫米。头部红褐色,前顶刚毛每侧3根成一纵裂,后顶刚毛每侧1根。

蛹:体长21~23毫米,宽11~12毫米,体黄褐色,快羽化时色加深。

(2)生活史与习性 2年1代,以成虫和幼虫在深40~60厘米的土壤中越冬。越冬成虫4月份开始出土,5月中下旬为出土高峰期,每日黄昏开始出土,晚8~9时达高峰,夜间12时后相继入土潜伏。成虫多次交尾,交尾后4~5天产卵,卵散产于5~12厘米深的土壤中,每头雌成虫产卵5~6次,可产卵20~30粒,最多70余粒。卵期10~15天。初孵幼虫为害椒苗及农作物根系,10月份以后向土壤深层转移越冬。越冬幼虫于翌年春季4月初上迁活动,持续为害根系至6月份。老熟幼虫下移到15厘米左右深的土中化蛹,5~6月份为化蛹盛期。

(3)防治方法

①幼虫防治:播种前,苗圃地施800~1 000倍液的敌百虫毒土。也可在苗木出土后,用敌百虫1 000~1 500倍液灌根,均可毒杀幼虫。

②成虫防治:在苗圃地埂间种蓖麻,金龟子取食后被蓖麻

碱麻醉致死;在越冬成虫出土高峰期,于下午2～9时用20％杀螟松粉喷撒成虫出土聚集较多地段,药杀成虫,每0.067公顷用药1千克,于成虫每日出土高峰期的晚8～9时,用1 000倍敌百虫液浸植物新鲜枝叶,堆积在地边、空地上诱杀。

## 12. 山楂红蜘蛛

该虫属螨类,又叫山楂叶螨。是分布普遍、为害多种果树的害虫。在花椒主要产区均有发生和为害。

(1)形态特征

成虫:有雌、雄成虫。雌成虫,体卵圆形,长0.55毫米,有越冬型和非越冬型之分,越冬型鲜红色,非越冬型暗红色。雄成虫,体较小,体长0.4毫米,末端略尖,初脱皮时浅黄绿色,渐变淡绿色(图21)。

**图21 山楂红蜘蛛**
1. 雌成虫 2. 雄成虫

卵:圆球形,半透明,表面光滑有光泽,橙红色。后期产的卵为橙黄色或黄白色。

幼虫:初孵幼虫为乳白色,圆形,有足3对。幼虫取食后体呈卵圆形,淡绿色。

若虫:体近卵圆形,有足4对,能吐丝。

(2)生活史与习性 1年6～9代,以受精雌成虫在枝干树皮裂缝内、粗皮下及靠近树干基部土块缝里越冬。越冬成虫在花椒发芽时开始活动,并为害幼芽。第一代幼虫在花序伸长期开始出现,盛花期危害最盛。雌雄交尾后产卵于叶背主脉两侧,也可孤雌生殖。

山楂红蜘蛛每年发生的轻重与温湿度关系很大,高温干旱有利于发生,为害严重。

(3)防治方法 ①芽体膨大时,向树体和树干基部周围土壤喷50~80倍液索利巴尔或5波美度的石硫合剂,把越冬成虫消灭在产卵之前;②生长季节虫口密度较大时,向树体喷三氯杀螨醇800~1 000倍液,或乐果乳油1 500~2 000倍液,或螨死净2 000倍液。

## 13. 吹 绵 蚧

吹绵蚧在我国花椒产区均有发生。为害花椒、桃、杏、国槐、柑橘等树种。

(1)形态特征

成虫:雌虫橘红色,无翅,椭圆形,长5~7毫米,腹面扁平,背面隆起,着生黑色短毛,体外被有白色蜡质粉及絮状分泌物。雄虫体小细长,橘红色,长约3毫米,翅展6~8毫米(图22)。

卵:长椭圆形,长0.65毫米,宽0.29毫米,初产为橙黄色,后变为橘红色。

若虫:初孵若虫橘红色,足、触角及体上的毛均发达,被覆淡黄色蜡粉及白纤维。2龄后雌雄异型。雌若虫深橘红色,背面隆起,散生黑色小毛,全身被有黄白蜡粉及絮状纤维。雄若虫体狭长,体上蜡粉及絮状纤维很少。

蛹:仅雄虫有蛹。蛹橘红色,被白色蜡质薄粉。茧白色,长椭圆形,茧质松疏,在茧外可窥见蛹体。

(2)生活史与习性 1年2~3代,冬季多为若虫期,但也有以成虫和卵越冬的。第一代卵和若虫盛期为5～6月份,第二代为8～9月份。1～2龄若虫多寄生在叶背主脉附近,2龄后迁移分散于枝干阴面群集为害。雌虫固定取食后不再移动。雄若虫行动敏捷,经2次脱皮后口器退化,不再为害。在树皮裂缝中和树干附近草丛中化蛹。

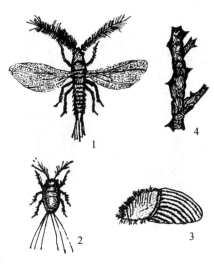

图22 吹绵蚧
1. 雄成虫 2. 若虫 3. 雌成虫 4. 被害状

（3）防治方法

吹绵蚧属介壳虫类,属顽固难防害虫。防治上应以防为主。具体防治措施：①对建园苗木进行严格检疫,防止蚧虫传播和扩散；②结合冬剪,剪除虫枝,集中烧毁；③萌芽前向树体喷50～80倍索利巴尔液或5波美度石硫合剂,杀死越冬若虫、成虫和卵；④于若虫孵化盛期(5～6月份和8～9月份)向树干枝枝喷40％氰久可湿性粉剂1 500倍液,或40％氧化乐果乳油1 000倍液,或50％敌敌畏1 000倍液。

## 14. 桑白蚧

桑白蚧在全国分布很广,在北方发生和为害尤为严重。以若虫和成虫吸食枝条汁液,引起树势衰弱,造成减产。

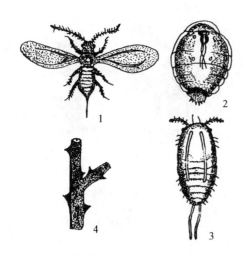

（1）形态特征

成虫：雌成虫橙黄色，体长 1.3 毫米左右，介壳灰白色，圆形或椭圆形，背面隆起并有明显的螺旋纹状。雄成虫橙红色，体长 0.65～0.70 毫米，前翅无色透明，后翅退化为平衡棒，触角 10 节，各节具长毛（图 23）。

卵：椭圆形，初产粉红色，渐变淡

**图 23  桑白蚧**

1. 雄成虫  2. 雌成虫（腹面）  3. 若虫

4. 被害状

黄褐色，孵化前为橙红色。

若虫：长椭圆形，体长约 0.3 毫米，有触角 1 对，足 3 对，能爬行，腹部末端有尾毛 2 根。

（2）生活史与习性  1 年 2 代，以受精雌成虫在树体上越冬。翌年 4 月下旬至 5 月上旬产卵，第一代若虫 5 月上旬开始出现，5 月中旬至 5 月下旬为盛期，一般在 10 天内全部孵化。孵化若虫离开母体后，在枝条上固定下来，开始分泌蜡质壳。第二代成虫 9 月份发生，雌雄交尾后，雄虫死亡，雌虫越冬。

（3）防治方法  田间药剂防治的关键时期在 5 月中旬至 5 月下旬第一代若虫孵化盛期。具体防治方法请参照本书吹绵蚧的防治方法。

## （四）主要病害及防治技术

### 1. 花椒锈病

该病在河南、河北、山东、山西、陕西、甘肃、湖北、四川等省普遍发生，是花椒主要病害之一。常引起花椒大量落叶，影响花椒的产量和品质。

（1）病害症状　该病是一种真菌性病害，主要为害花椒叶片。发病初期，在叶的背面出现圆形点状淡黄色或锈红色病斑，即散生的夏孢子堆，呈不规则的环状排列。继而病斑增多，严重时扩展到全叶，使叶片枯黄脱落。秋季在病叶背面出现橙红色或黑褐色凸起的冬孢子堆。

（2）发病规律　此病的发生时间与严重程度，因地区、气候不同而异。一般秦岭以南每年6月上中旬开始发病，7～9月份为发病盛期。秦岭以北每年7月下旬至8月上旬开始发病，9月下旬至10月上旬为发病高峰期。病菌夏孢子借风力传播，阴雨潮湿天气发病严重，少雨干旱天气发病较轻。另外，发病轻重与树势强弱关系密切，树势强壮，抵抗病菌侵染能力强，发病就较轻，树势衰弱则发病较重。发病首先从通风透光不良的树冠下部叶片感染，以后逐渐向树冠上部扩散。

（3）防治方法　①加强栽培管理，增强树体抗病能力。应合理适时施肥灌水，铲除杂草，正确修剪，促进和改善株间和树冠内的通风透光，促进树体生长，增强抗病能力；②在秋末冬初及时剪除病枝枯枝，清除园内及树下的落叶及杂草，集中烧毁，减少越冬病菌源；③发病初期，喷施200倍石灰过量式波尔多液或0.3～0.4波美度的石硫合剂。发病盛期，喷65%

可湿性代森锌粉剂 400～500 倍液。

## 2. 烟 煤 病

烟煤病在花椒主要产区均有发生,属真菌性病害,主要危害叶片、幼果和嫩梢。

(1)病害症状 发病初期,叶片、果实、枝梢的表面出现椭圆形或不规则的黑褐霉斑。随着病菌的繁殖、扩散,霉斑逐渐扩大,形成黑褐色的霉层。霉层覆盖叶面,使叶片光合作用受阻,影响光合产物的形成,严重时叶片失绿,造成树体早期落叶、落果和枯梢。

(2)发病规律 病菌孢子在花椒叶片和枝条表面附着,在多湿、高温、荫蔽的环境条件下,孢子萌发形成菌丝,菌丝进而生长,产生更多的孢子并扩散、覆盖在叶片表面,阻碍了叶片的光合作用。此病病菌多从蚜虫、蚧壳虫的分泌物中吸取营养,常伴随蚜虫、蚧壳虫的活动而消长。

(3)防治方法 ①保持园内通风透光,抑制病菌的生长、蔓延;②及时防治蚜虫、蚧壳虫,消除病菌营养来源,抑制病害发展;③发病初期,喷施 0.3～0.4 波美度石硫合剂,或 200 倍过量式波尔多液,抑制病菌蔓延。

## 3. 叶 斑 病

该病在陕西、河南、四川、广西、贵州、广东等省(自治区)发生和危害。危害叶片,引起提前落叶。

(1)病害症状 发病初期,被害叶片表面出现点状失绿斑,以后病斑逐渐变成灰色至灰褐色小圆斑。随着病情的加重,病斑扩大,其边缘颜色也加深,呈褐色或黑色,中央灰白色,后期病斑上有不明显的小黑点,即病菌的分生孢子堆。

(2)发病规律 病原菌在脱落的病叶中越冬,春季产生分生孢子,借风雨传播到新叶上发病。此病在我国南方发病较早,北方发病较迟。北方各省多在 7 月份开始发病,8～9 月份为发病盛期,高温多雨天气条件有利于病害的发生和蔓延。

(3)防治方法 ①秋末冬初在发病椒园中,清除落叶并集中烧毁或深埋。冬季修剪时,剪除树上的病枝枯枝;②发病园早春土壤翻耕,将残留的病叶翻压土下;③在生长季加强椒园土、肥、水的科学管理,增强树势,以抵抗病菌侵染;④发病初期,喷 0.5%～1.0%的波尔多液,或在发病盛期喷 65%可湿性代森锌粉剂 300～500 倍液,每隔 7～10 天喷 1 次,连续喷 2～3 次。

## 4. 炭疽病

该病在山西、河南、甘肃、陕西、四川等省均有发生,危害果实、叶片和嫩梢,造成果实、叶片脱落,嫩梢枯死,危害较重。

(1)病害症状 该病主要危害果实。发病初期,首先在果实表面出现数个分布不规则的褐色小点,后期病斑变成深褐色或黑色、圆形或近圆形,中央下陷,若天气干燥,病斑中央灰色。病斑上有很多褐色至黑色小点,呈轮纹状排列。若遇阴雨高温天气,病斑上小黑点呈粉红色小突起,即病原菌分生孢子堆。继而向叶片、新梢上扩散。

(2)发病规律 病菌在病果、病叶及病枯梢中越冬。翌年6 月上中旬病菌产生分生孢子,并借风、雨、昆虫等进行传播。一年中能多次侵染危害。每年 6 月下旬至 7 月上旬开始发病,8 月份为发病盛期。椒园通风透光不良,树势衰弱,天气高温高湿等条件,会引起病害的大发生。

(3)防治方法 ①加强椒园的综合管理,促进椒树旺盛生长,增强抗病能力。改善椒园通风透光条件,抑制病害发生;②在 6 月上中旬的初发期,对树体喷 1:1:200 倍波尔多液进行预防,6 月下旬再喷 1 次 50%退菌特粉剂 800～1 000 倍液;③在 8 月份的盛发期,喷 1:1:100 倍的波尔多液或 50%退菌特可湿性粉剂 600～700 倍液进行防治。

## 5. 干 腐 病

花椒干腐病,又称花椒流胶病。该病在甘肃武都、文县,陕西韩城、富平、凤县等地发生严重。

(1)病害症状　该病主要危害树干或干基部,严重时也危害树冠上的枝条。发病初期,病斑不明显,受害部位表皮呈红褐色。随病斑的扩大,呈湿腐状,病皮凹陷,并有流胶出现,病斑变成黑色,长椭圆形或圆形。剥开病皮可见白色菌丝体布于病变组织中。后期病斑干缩,龟裂,并出现许多橘红色小点,即分生孢子座。老病斑上常有黑色颗粒产生,为子囊壳。树干上大型病斑可长达 5～8 厘米,造成大面积树皮腐烂、树势衰弱、树叶发黄,甚至枝条枯死。

(2)发病规律　病菌以菌丝体、分生孢子座及子囊壳的方式在病组织中越冬。第二年 5 月初,当气温升高时,老病斑扩展,于 6～7 月份多次产生分生孢子,借风、雨、昆虫传播。病菌只能从伤口侵入。在侵入部位开始发病。

(3)防治方法　①注意防治蛀干害虫,谨防树皮破伤,减少病虫侵入口;②对发病较轻的大枝干上的病斑,用快刀刮去病斑树皮,并在伤口处涂抹 50%托布津 500 倍液或 1%的等量式波尔多液消毒;③每年 4～5 月份可喷 1:1:100 倍波尔多液或 50%托布津 700～1 000 倍液进行防治。

## 6. 枝 枯 病

该病在陕西、甘肃、宁夏、山西等省(自治区)部分花椒产区有发生,引起枝条枯死。

(1)病害症状　在感病树体上,病斑常位于大枝基部,小枝分叉处或幼树主干上。发病初期病斑不明显,随着病情的进一步发展,后期病斑表皮呈深褐色,边缘黄褐色,干枯而略下陷,微有裂缝,但病斑皮层不解离,也不立即脱落。病斑多呈长圆条形,秋季其上出现许多黑色小疣粒,即病原菌的分生孢子器。当病斑环绕枝干一周时,上部枝条枯死。

(2)发病规律　病菌以菌丝体和分生孢子器在病组织内越冬,成为下年初侵染的主要病菌来源。越冬后的菌丝,在病部继续扩展危害,分生孢子器产生分生孢子,传播侵染。一年中,分生孢子器可多次产生孢子,分生孢子借风雨、昆虫等进行传播,主要从伤口侵入感病。多雨高温天气有利于该病害的发生和蔓延。

(3)防治方法　①加强椒园综合管理,增强树势,避免树体受伤、受冻,及时剪除烧毁病枝;②尽早刮除大枝和树干上的病斑,刮后用40%福美砷可湿性粉剂50倍液或1%硫酸铜液对伤口进行消毒;③对发病较重的椒园,在早春向树体喷1∶1∶100倍波尔多液,或喷50%退菌特可湿性粉剂500～800倍液进行防治。

## 7. 枯 梢 病

该病主要在陕西的韩城、富平,甘肃的文县等地发生,造成受害枝梢枯死。

(1)病害症状　枯梢病主要危害当年生枝嫩梢。发病初期病斑不明显,但嫩梢有失水萎蔫症状,后期嫩梢枯死、不弯曲,当年生枝上产生灰褐色长条形病斑,病斑上生有许多黑色小点,即分生孢子器,略突出表皮。

(2)发病规律　病菌以菌丝体和分生孢子器在病组织中越冬。翌年春季病斑上的分生孢子器产生分生孢子,借风雨传播,6月下旬至7月上旬开始发病,7～8月份为发病盛期,一年中,病原菌可多次侵染危害。

(3)防治方法　加强椒园管理,增强树势,随时剪除烧毁病枯梢,是防治此病的关键环节。在发病初期和盛期喷40%福美砷800倍液,或70%托布津1 000倍液,或65%代森锌400倍液进行防治。

# 金盾版图书,科学实用, 通俗易懂,物美价廉,欢迎选购

| | | | |
|---|---|---|---|
| 果品贮运工培训教材 | 8.00 | 园林育苗工培训教材 | 9.00 |
| 果树植保员培训教材 | | 园林养护工培训教材 | 10.00 |
| （北方本） | 9.00 | 草本花卉工培训教材 | 9.00 |
| 果树植保员培训教材 | | 猪饲养员培训教材 | 9.00 |
| （南方本） | 11.00 | 猪配种员培训教材 | 9.00 |
| 果树育苗工培训教材 | 10.00 | 猪防疫员培训教材 | 9.00 |
| 苹果园艺工培训教材 | 10.00 | 奶牛配种员培训教材 | 8.00 |
| 枣园艺工培训教材 | 8.00 | 奶牛修蹄工培训教材 | 9.00 |
| 核桃园艺工培训教材 | 9.00 | 奶牛防疫员培训教材 | 9.00 |
| 板栗园艺工培训教材 | 9.00 | 奶牛饲养员培训教材 | 8.00 |
| 樱桃园艺工培训教材 | 9.00 | 奶牛挤奶员培训教材 | 8.00 |
| 葡萄园艺工培训教材 | 11.00 | 肉羊饲养员培训教材 | 9.00 |
| 西瓜园艺工培训教材 | 9.00 | 羊防疫员培训教材 | 9.00 |
| 甜瓜园艺工培训教材 | 9.00 | 毛皮动物防疫员培训教 | |
| 桃园艺工培训教材 | 10.00 | 材 | 9.00 |
| 猕猴桃园艺工培训教材 | 9.00 | 毛皮动物饲养员培训教 | |
| 草莓园艺工培训教材 | 10.00 | 材 | 9.00 |
| 柑橘园艺工培训教材 | 9.00 | 肉牛饲养员培训教材 | 8.00 |
| 食用菌园艺工培训教材 | 9.00 | 家兔饲养员培训教材 | 9.00 |
| 食用菌保鲜加工员培训教 | | 家兔防疫员培训教材 | 9.00 |
| 材 | 8.00 | 淡水鱼繁殖工培训教材 | 9.00 |
| 食用菌制种工培训教材 | 9.00 | 淡水鱼苗种培育工培训教材 | 9.00 |
| 桑园园艺工培训教材 | 9.00 | 池塘成鱼养殖工培训教材 | 9.00 |
| 茶树植保员培训教材 | 9.00 | 家禽防疫员培训教材 | 7.00 |
| 茶园园艺工培训教材 | 9.00 | 家禽孵化工培训教材 | 8.00 |
| 茶厂制茶工培训教材 | 10.00 | 蛋鸡饲养员培训教材 | 7.00 |
| 园林绿化工培训教材 | 10.00 | 肉鸡饲养员培训教材 | 8.00 |

| | | | |
|---|---|---|---|
| 玉米高产高效栽培模式 | 16.00 | 大豆病虫草害防治技术 | 7.00 |
| 玉米标准化生产技术 | 10.00 | 大豆病虫害诊断与防治 | |
| 玉米良种引种指导 | 11.00 | 原色图谱 | 12.50 |
| 玉米超常早播及高产多收 | | 怎样提高大豆种植效益 | 10.00 |
| 种植模式 | 6.00 | 大豆胞囊线虫病及其防 | |
| 玉米病虫草害防治手册 | 18.00 | 治 | 4.50 |
| 玉米病害诊断与防治 | | 油菜科学施肥技术 | 10.00 |
| （第2版） | 12.00 | 豌豆优良品种与栽培技 | |
| 玉米病虫害及防治原色图 | | 术 | 6.50 |
| 册 | 17.00 | 甘薯栽培技术（修订版） | 6.50 |
| 玉米大斑病小斑病及其防 | | 甘薯综合加工新技术 | 5.50 |
| 治 | 10.00 | 甘薯生产关键技术100 | |
| 玉米抗逆减灾栽培 | 39.00 | 题 | 6.00 |
| 玉米科学施肥技术 | 8.00 | 图说甘薯高效栽培关键 | |
| 玉米高粱谷子病虫害诊断 | | 技术 | 15.00 |
| 与防治原色图谱 | 21.00 | 甘薯产业化经营 | 22.00 |
| 甜糯玉米栽培与加工 | 11.00 | 花生标准化生产技术 | |
| 小杂粮良种引种指导 | 10.00 | 花生高产种植新技术 | |
| 谷子优质高产新技术 | 6.00 | （第3版） | 15.00 |
| 大豆标准化生产技术 | 6.00 | 花生高产栽培技术 | 5.00 |
| 大豆栽培与病虫草害防 | | 彩色花生优质高产栽培 | |
| 治（修订版） | 10.00 | 技术 | 10.00 |
| 大豆除草剂使用技术 | 15.00 | 花生大豆油菜芝麻施肥 | |
| 大豆病虫害及防治原色 | | 技术 | 8.00 |
| 图册 | 13.00 | 黑芝麻种植与加工利用 | 11.00 |

　　以上图书由全国各地新华书店经销。凡向本社邮购图书或音像制品，可通过邮局汇款，在汇单"附言"栏填写所购书目，邮购图书均可享受9折优惠。购书30元（按打折后实款计算）以上的免收邮挂费，购书不足30元的按邮局资费标准收取3元挂号费，邮寄费由我社承担。邮购地址：北京市丰台区晚月中路29号，邮政编码：100072，联系人：金友，电话：(010)83210681、83210682、83219215、83219217(传真)。